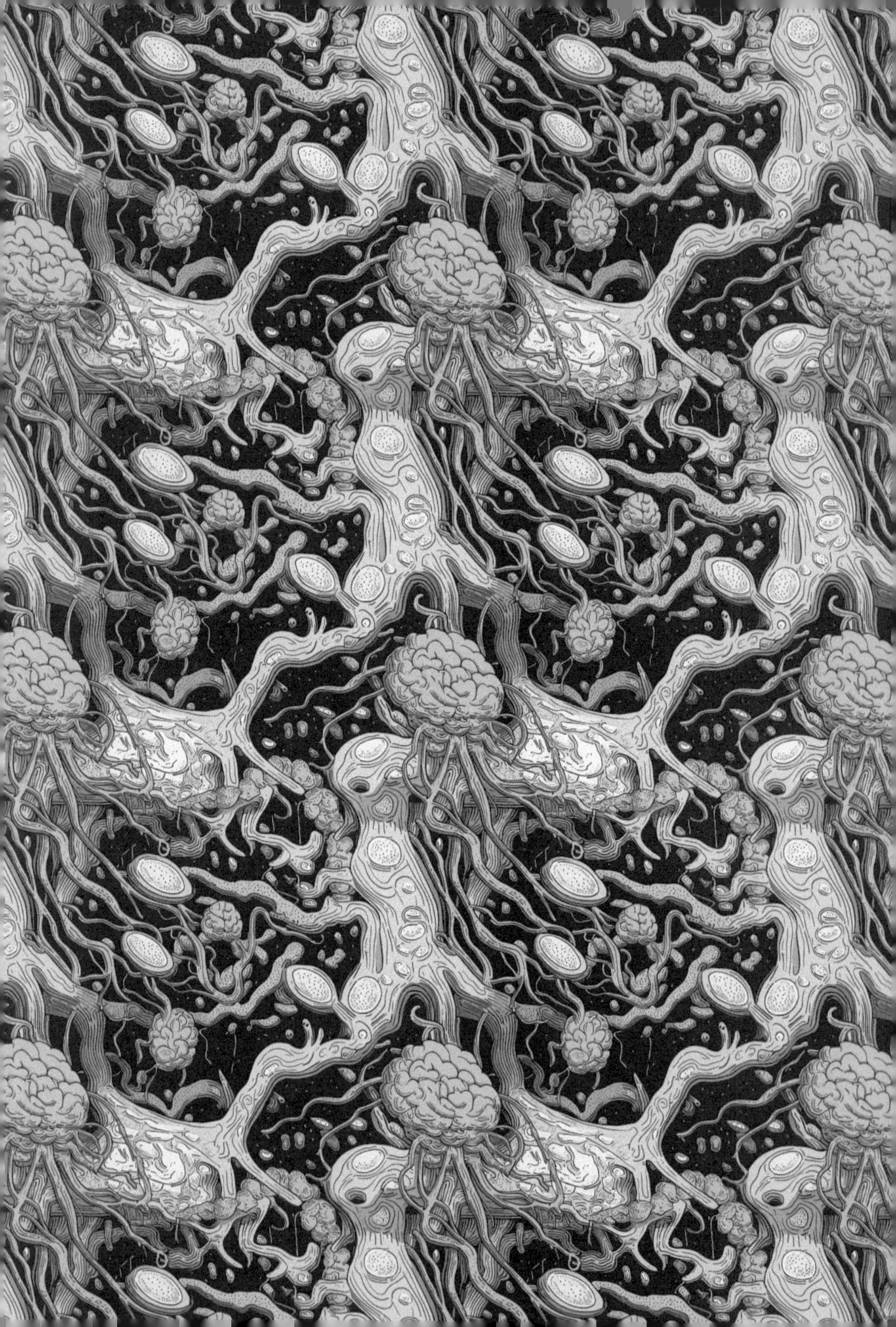

Aviso legal

Saage Media GmbH
c/o SpinLab – The HHL Accelerator
Spinnereistraße 7
04179 Leipzig, Germany
E-Mail: contact@SaageMedia.com
Web: www.SaageMedia.com
Commercial Register: Local Court Leipzig, HRB 42755 (Handelsregister: Amtsgericht Leipzig, HRB 42755)
Managing Director: Rico Saage (Geschäftsführer)
VAT ID Number: DE369527893 (USt-IdNr.)

Editorial: Saage Media GmbH
Publicación: 02.2025
Diseño de portada: Saage Media GmbH
ISBN Tapa blanda (es): 978-3-384-52641-0
ISBN Ebook (es): 978-3-384-52642-7

Legal / Avisos

Los enlaces externos y las referencias a fuentes enumerados en este libro fueron verificados al momento de la publicación. El autor no tiene influencia sobre los diseños y contenidos actuales y futuros de las páginas vinculadas. El proveedor del sitio web vinculado es el único responsable de los contenidos ilegales, incorrectos o incompletos, así como de los daños que surjan del uso o no uso de la información, no quien hace referencia a la publicación respectiva a través de enlaces. Todas las fuentes externas utilizadas se enumeran en la bibliografía. A pesar del cuidadoso control del contenido, no asumimos ninguna responsabilidad por el contenido de fuentes externas. Los operadores de las fuentes citadas son los únicos responsables de su contenido. Las imágenes y fuentes de terceros están marcadas como tales. La reproducción, procesamiento, distribución y cualquier tipo de explotación fuera de los límites de los derechos de autor requieren el consentimiento por escrito del autor o creador respectivo.

Este libro ha sido traducido del alemán. No se pueden descartar completamente las desviaciones del original o los errores de traducción. Todas las fuentes citadas en el libro están disponibles en inglés. No asumimos ninguna responsabilidad por inexactitudes o malentendidos de contenido que puedan surgir por la traducción.

Los datos de los diagramas que no están marcados explícitamente con una fuente no se basan en estudios, sino que son suposiciones no vinculantes para una mejor visualización.

Este libro fue creado utilizando Inteligencia Artificial (IA) y otras herramientas. Entre otras cosas, se utilizaron herramientas para la investigación, la escritura/edición y la generación de ilustraciones decorativas. A pesar del control, no se pueden descartar completamente los errores. Nos gustaría enfatizar que el uso de la IA sirve como herramienta de apoyo para proporcionar a nuestros lectores una experiencia de lectura de alta calidad e inspiradora.

Las referencias y citas contenidas en este libro han sido cuidadosamente investigadas y reproducidas en su significado. La interpretación y presentación del contenido citado refleja la comprensión del autor y no necesariamente corresponde con la intención u opinión de los autores originales. Para las citas parafraseadas, las declaraciones principales de las fuentes originales se han incorporado al contexto de esta obra según el mejor saber y entender, pero pueden desviarse de las formulaciones originales y matices de significado debido a la transferencia y simplificación. Todas las fuentes utilizadas están completamente listadas en la bibliografía y pueden leerse allí en el original. La responsabilidad de la interpretación y la incorporación contextual del contenido citado recae en el autor de este libro. Para preguntas científicas e información detallada, se recomienda consultar las fuentes originales. El autor se ha esforzado por presentar temas científicos complejos de manera generalmente comprensible. No se pueden excluir simplificaciones y generalizaciones. No se puede garantizar la exactitud técnica y la integridad de las presentaciones simplificadas. La reproducción parafraseada de citas y hallazgos científicos se realiza conscientemente cumpliendo con la ley de citas según § 51 UrhG y todas las disposiciones relevantes de derechos de autor de otros países. Al simplificar, transferir y posiblemente traducir contenido científico a un lenguaje generalmente comprensible, se pueden perder matices de significado y detalles técnicos. El autor no reclama derechos sobre las obras citadas y respeta todos los derechos de autor de los autores originales. Si se detecta un uso no autorizado, el autor solicita ser notificado para tomar las medidas apropiadas. Para fines académicos y cuando se utiliza como referencia científica, se recomienda expresamente consultar las fuentes originales. La presentación simplificada sirve exclusivamente para información científica popular.

La información contenida en este libro sobre la conexión cerebro-intestino, microbioma, saneamiento intestinal y dieta antiinflamatoria ha sido cuidadosamente investigada, pero no reclama ser completa ni precisa. Las recomendaciones dietéticas, probióticos y medidas de saneamiento intestinal presentadas pueden tener efectos diferentes en cada individuo. La información en este libro no sustituye un diagnóstico o tratamiento médico. Ante problemas de salud, enfermedades del sistema digestivo o síntomas neurológicos, es imprescindible consultar a un médico o terapeuta calificado. Antes de iniciar un saneamiento intestinal o un cambio en la dieta, especialmente en caso de enfermedades preexistentes o consumo de medicamentos, se requiere una consulta médica. La implementación de las medidas descritas se realiza bajo su propia responsabilidad. Se excluye cualquier responsabilidad por daños a la salud o consecuencias que surjan de la aplicación de la información presentada. La investigación médica sobre el microbioma y el eje cerebro-intestino está en constante evolución. Es posible que haya nuevos hallazgos científicos desde la impresión. Todos los nombres de marcas mencionados de probióticos, suplementos dietéticos u otros productos son propiedad de sus respectivos propietarios. Las referencias a estudios científicos y resultados de investigación se pueden encontrar en la bibliografía.

Bendis Saage

Eje Intestino Cerebro: La Conexión Vital Entre el Cerebro y tu Sistema Digestivo

Descubre cómo el cerebro hambre afecta tu bienestar y aprende a optimizar la comunicación entre el intestino y el cerebro para una mejor salud mental

99 Fuentes
42 Diagramas
47 Imágenes
7 Ilustraciones

Queridos lectores,

les agradecemos de corazón que hayan elegido este libro. Con su elección, no solo nos han brindado su confianza, sino también parte de su valioso tiempo. Lo apreciamos mucho.

La conexión entre el cerebro y el intestino influye de manera decisiva en nuestra salud física y mental, pero ¿cómo funciona esta compleja interacción? Este libro especializado ilumina la fascinante comunicación entre el sistema nervioso y el tracto digestivo. Muestra cómo las bacterias intestinales, la alimentación y los procesos inflamatorios afectan nuestro bienestar, nuestro estado de ánimo e incluso nuestra capacidad de decisión. A través de hallazgos científicos actuales y guías prácticas, aprenderá cómo influir positivamente en el eje cerebro-intestino mediante estrategias dietéticas específicas, apoyo probiótico y rehabilitación intestinal. El libro combina un conocimiento sólido sobre el microbioma con recomendaciones concretas para la vida cotidiana. Una guía pionera para todos aquellos que desean entender cómo la optimización de su salud intestinal puede mejorar también su rendimiento mental. Descubra las conexiones científicas entre la salud intestinal y el bienestar mental, para una interacción equilibrada entre cuerpo y mente.

Esta guía le proporciona información comprensible y práctica sobre un tema complejo. Gracias a herramientas digitales desarrolladas internamente que también utilizan redes neuronales, pudimos realizar investigaciones exhaustivas. El contenido se ha estructurado de manera óptima y desarrollado hasta la versión final para proporcionarle una visión general bien fundamentada y de fácil acceso. El resultado: obtiene una visión integral y se beneficia de explicaciones claras y ejemplos ilustrativos. El diseño visual también se ha optimizado mediante este método avanzado para que pueda captar y utilizar la información rápidamente.

Nos esforzamos por la máxima precisión, pero agradecemos cualquier indicación de posibles errores. Visite nuestro sitio web para encontrar las últimas correcciones y adiciones a este libro. Estas también se incorporarán en futuras ediciones.

¡Esperamos que disfrute leyendo y descubriendo cosas nuevas! Si tiene sugerencias, críticas o preguntas, esperamos sus comentarios. Solo mediante el intercambio activo con ustedes, los lectores, las futuras ediciones y obras podrán ser aún mejores. ¡Manténgase curioso!

Bendis Saage

Saage Media GmbH - Equipo

- www.SaageBooks.com/es
- support@saagemedia.com
- Spinnereistraße 7 - c/o SpinLab – The HHL Accelerator, 04179 Leipzig, Germany

Acceso rápido al conocimiento

Para garantizar una experiencia de lectura óptima, nos gustaría familiarizarle con las características principales de este libro:

- **Estructura Modular:** Cada capítulo es independiente y puede leerse sin depender de los demás.
- **Investigación Exhaustiva:** Todos los capítulos se basan en una investigación exhaustiva y están respaldados por referencias científicas. Los datos mostrados en los diagramas sirven para una mejor visualización y se basan en suposiciones, no en los datos proporcionados en las fuentes. Una lista completa de fuentes y créditos de imágenes se encuentra en el apéndice.
- **Terminología Clara:** Los términos técnicos subrayados se explican en el glosario.
- **Resúmenes de Capítulos:** Al final de cada capítulo, encontrará resúmenes concisos que le dan una visión general de los puntos clave.
- **Recomendaciones Concretas:** Cada subcapítulo concluye con una lista de consejos específicos para ayudarle a poner en práctica lo aprendido.

Materiales adicionales de bonificación en nuestro sitio web

En nuestro sitio web, planeamos poner a su disposición los siguientes materiales exclusivos:

- Contenido adicional y capítulos extra
- Un resumen general compacto
- Una versión de radioteatro. (En planificación)

El sitio web está actualmente en construcción.

www.SaageBooks.com/es/
conexion_cerebrointestino-bonus-9BOVZ

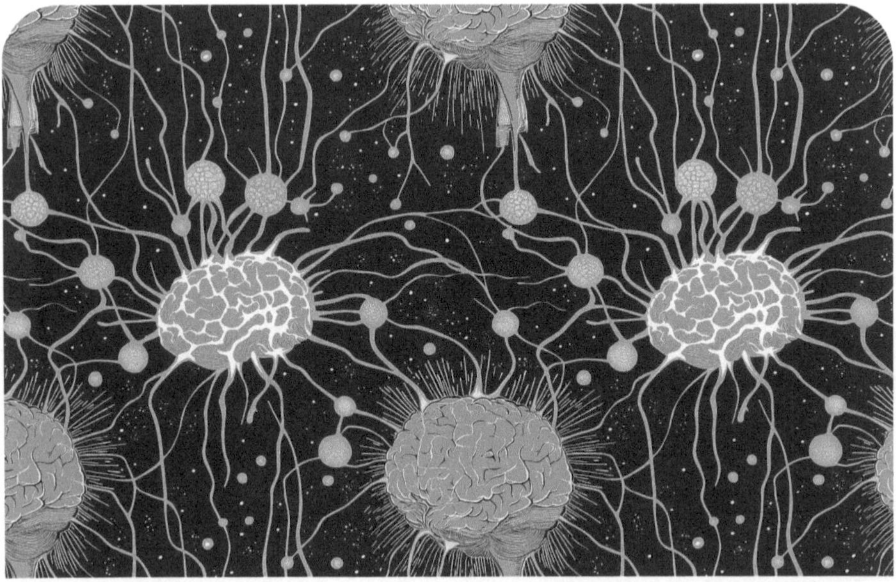

Índice

- 3. Saneamiento intestinal y cuidado del microbioma
  - 3. 1 Construcción de la salud intestinal
    - Suministro de nutrientes a las células intestinales
    - Regeneración de la mucosa
    - Equilibrio bacteriano
  - 3. 2 Apoyo probiótico
    - Recomendaciones de ingesta
    - Modo de acción en el tracto digestivo
  - 3. 3 Evitar factores perturbadores
    - Reducción del estrés
    - Minimizar las cargas ambientales
    - Tener en cuenta las influencias de los medicamentos

1. Fundamentos de la conexión intestino-cerebro

¿Alguna vez se ha preguntado por qué una "corazonada" a menudo es más confiable que las consideraciones racionales? Entre la cabeza y el tracto digestivo se extiende una compleja red de comunicación que regula de manera fundamental nuestro bienestar y comportamiento. Billones de microorganismos microscópicos en nuestro intestino envían constantemente señales al cerebro, y viceversa. Esta comunicación bioquímica bidireccional no solo influye en nuestra digestión, sino también en las emociones, el sistema inmunológico e incluso en nuestra toma de decisiones. Los fascinantes mecanismos de esta autopista de datos del cuerpo arrojan una luz completamente nueva sobre la cuestión de quién o qué determina realmente nuestras acciones y sentimientos.

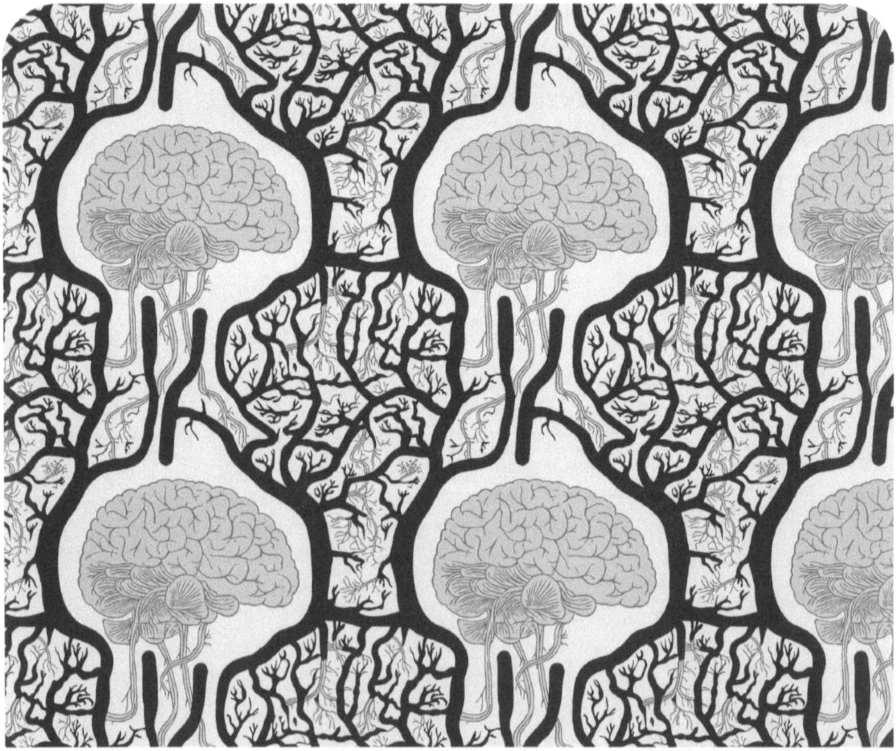

1. 1 Estructura y función

El sistema nervioso entérico (SNE) en el intestino se comunica constantemente con el sistema nervioso central (SNC) en el cerebro. Este eje intestino-cerebro influye, a través de vías nerviosas como el nervio vago y neurotransmisores, tanto en la digestión como en el estado de ánimo, el sueño y el apetito. Una comunicación alterada, por ejemplo, debido a una flora intestinal desequilibrada, puede llevar a diversos problemas, desde trastornos digestivos hasta síntomas neurológicos. Comprenda las complejas interrelaciones de la estructura y función del eje intestino-cerebro y descubra el potencial para su bienestar.

El eje intestino-cerebro es un sistema de comunicación complejo y bidireccional que influye tanto en la salud intestinal como en la función cerebral y el bienestar general.

Vías nerviosas entre el cerebro y el intestino

El sistema nervioso entérico (SNE) en el intestino, una red compleja de más de 100 millones de neuronas, se comunica constantemente con el sistema nervioso central (SNC) en el cerebro. [s1] Esta comunicación bidireccional, conocida como eje intestino-cerebro, se lleva a cabo a través de diversas vías nerviosas, incluyendo el nervio vago y nervios simpáticos. [s1] El nervio vago, el nervio más grande del sistema parasimpático, transmite señales del intestino al cerebro y viceversa. [s2] Transmite información sobre el estado de los órganos internos, regula el movimiento intestinal e influye en las respuestas inmunitarias. [s2] Por ejemplo, las inflamaciones en el intestino pueden enviar señales al cerebro a través del nervio vago que afectan el comportamiento y el estado de ánimo. Las vías nerviosas simpáticas transmiten principalmente señales del cerebro al intestino e influyen, entre otras cosas, en la motilidad intestinal y la secreción de jugos digestivos. [s3] La comunicación dentro del eje intestino-cerebro se media a través de neurotransmisores, mensajeros químicos que transmiten señales entre las células nerviosas. La serotonina, un neurotransmisor importante, se produce tanto en el SNE como en el SNC y afecta la función intestinal, así como el estado de ánimo, el sueño y el apetito. [s1] [s4] La flora intestinal, la totalidad de los microorganismos en el intestino, influye en la producción y liberación de serotonina y otros neurotransmisores. [s5] [s6] Una flora intestinal desequilibrada (disbiosis) puede interrumpir la comunicación entre el intestino y el cerebro y contribuir a enfermedades como el síndrome del intestino irritable. [s5] Aquellos que deseen influir positivamente en su flora intestinal pueden optar por una dieta rica en fibra con muchas frutas y verduras, ya que estas promueven las "bacterias buenas" en el intestino. Aunque el SNE puede funcionar de manera autónoma, aún está influenciado por el SNC. [s4] Factores externos como el estrés pueden afectar la función del SNE y provocar molestias gastrointestinales. [s3] A la inversa, los cambios en el intestino, como inflamaciones o infecciones, pueden influir en la función del SNC y provocar síntomas neurológicos. [s7] La barrera intestinal, una capa protectora entre el intestino y el torrente sanguíneo, juega un papel importante en esto. [s6] Una barrera intestinal intacta evita que sustancias nocivas del intestino ingresen al torrente sanguíneo y al cerebro. Los metabolitos bacterianos, como los ácidos grasos de cadena corta producidos por la flora intestinal, también pueden influir en la comunicación entre el intestino y el cerebro. [s7] [s6] Actúan de manera hormonal y pueden modular la actividad neuronal en el cerebro. El desarrollo del SNE ocurre en paralelo al desarrollo del SNC y ambos sistemas están influenciados por factores genéticos y ambientales. [s1] [s3] Estudios en animales libres de gérmenes muestran que la colonización bacteriana del intestino es crucial para el desarrollo y maduración tanto del SNE como del SNC. [s8] La ausencia de microbios en el intestino conduce a cambios en la producción y actividad de neurotransmisores en ambos sistemas nerviosos. [s8] Esto ilustra la estrecha conexión entre el intestino y el cerebro y la importancia de una flora intestinal saludable para la salud en general.

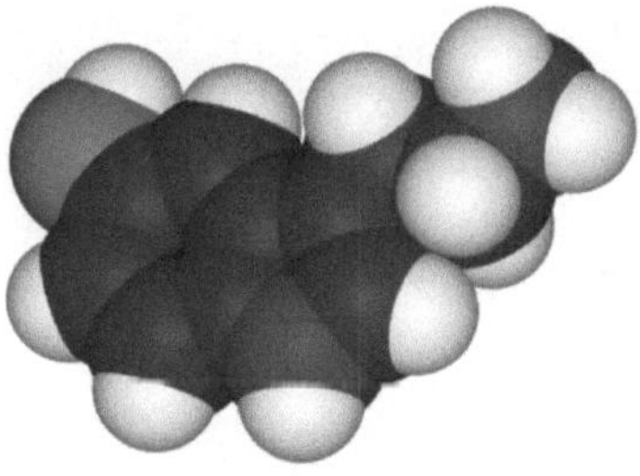

Serotonina [i1]

Bueno saber

Barrera intestinal

La barrera intestinal es una capa protectora entre el interior del intestino y el torrente sanguíneo. Previene la entrada de sustancias nocivas y patógenos en el cuerpo.

Eje intestino-cerebro

El eje intestino-cerebro describe la compleja comunicación bidireccional entre el intestino y el cerebro, que se media a través de vías nerviosas, hormonas y mensajeros inmunitarios. Influye tanto en la salud física como en la mental.

Metabolitos

Los metabolitos son productos del metabolismo producidos por la flora intestinal. Algunos de estos metabolitos, como los ácidos grasos de cadena corta, pueden fortalecer la barrera intestinal e influir en la comunicación entre el intestino y el cerebro.

Nervios simpáticos

Los nervios simpáticos activan el cuerpo en situaciones de estrés e influyen en la función intestinal al, por ejemplo, inhibir la motilidad intestinal.

Neurotransmisores

Los neurotransmisores son mensajeros químicos que transmiten señales entre las células nerviosas. Juegan un papel importante en la comunicación entre el intestino y el cerebro e influyen en diversas funciones corporales.

Velocidad de transmisión de la señal

Comparación de la velocidad de transmisión de señales entre diferentes tipos de nervios en el eje intestino-cerebro.

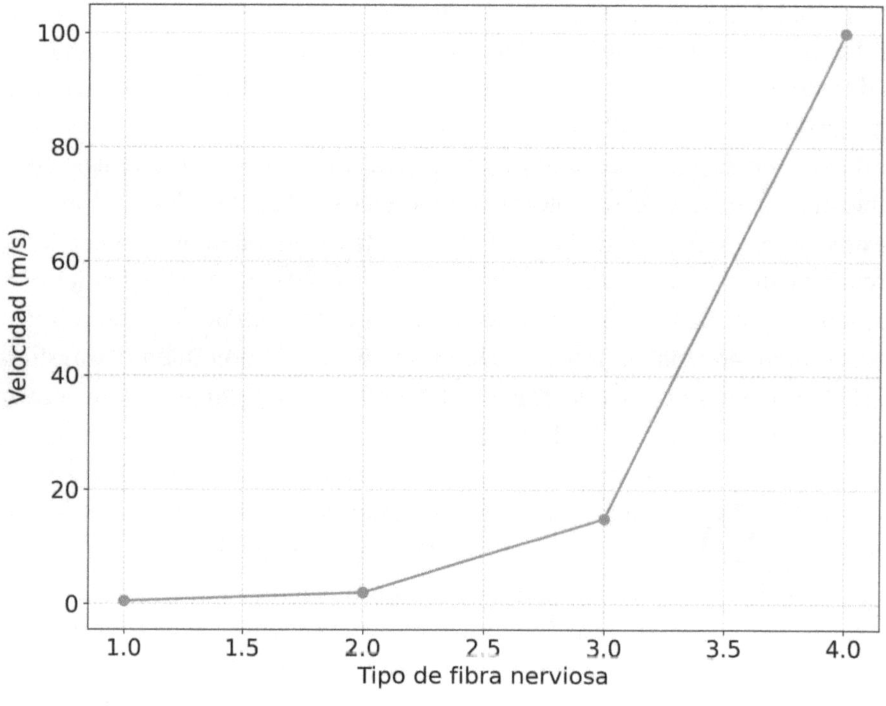

El gráfico muestra diferentes velocidades de transmisión de señales, destacando la diferencia entre fibras mielinizadas y no mielinizadas. Las velocidades más rápidas sugieren una comunicación más rápida, crucial para los procesos que requieren respuestas rápidas, mientras que las velocidades más lentas pueden indicar la participación en funciones más sostenidas o moduladoras.

Mensajeros en el sistema digestivo

El intercambio de información a lo largo del darmhirnachse se basa en una variedad de mensajeros que van mucho más allá de la serotonina. Además de los neurotransmittern como la acetilcolina, que estimula la actividad de neuronas postganglionares [s9], también juegan un papel los llamados neuromoduladores. Estas sustancias, como el óxido nítrico o péptidos intestinales vasoactivos, permiten un control finamente ajustado de las funciones gastrointestinales a través de vías de señalización no adrenérgicas y no colinérgicas (NANC) [s9]. También el sistema nervioso simpático utiliza mensajeros como las catecolaminas, que influyen en la circulación sanguínea y la absorción de nutrientes en el intestino a través de receptores adrenérgicos [s10]. Un desequilibrio de estos mensajeros, como la serotonina o las catecolaminas, puede estar relacionado con diversas enfermedades gastrointestinales [s10]. Además, las células inmunitarias en el intestino, como los macrófagos, se comunican con el ENS y así influyen en el movimiento intestinal [s11]. Envían señales que regulan la motilidad intestinal y contribuyen a la homeostasis [s11]. También receptores especiales, los llamados receptores tipo Toll, registran patrones microbianos e inician respuestas inmunitarias correspondientes, que a su vez interactúan con el ENS [s11]. Estas complejas interacciones subrayan que el equilibrio de los diferentes mensajeros en el sistema digestivo es crucial para el bienestar. Por ejemplo, quienes sufren de trastornos digestivos deberían considerar también la posibilidad de un desequilibrio en los mensajeros.

Bueno saber

motilidad intestinal

La motilidad intestinal se refiere al movimiento del contenido intestinal, que es generado por contracciones musculares en el intestino.

neuronas postganglionares

Las neuronas postganglionares son células nerviosas que se encuentran fuera del sistema nervioso central y reciben señales de otras células nerviosas, transmitiéndolas a los órganos diana, como los músculos en el intestino.

péptidos intestinales vasoactivos

Los péptidos intestinales vasoactivos (VIP) son neuromoduladores que influyen en la circulación y secreción en el intestino.

sistema nervioso simpático

El sistema nervioso simpático es una parte del sistema nervioso autónomo que prepara al cuerpo para situaciones de estrés y suprime la función intestinal.

vías de señalización no adrenérgicas y no colinérgicas (NANC)

Las vías de señalización no adrenérgicas y no colinérgicas (NANC) son vías nerviosas en el intestino que no utilizan adrenalina ni acetilcolina como neurotransmisores, sino otros mensajeros como el óxido nítrico o VIP.

Distribución de mensajeros en el sistema digestivo

Concentración y distribución de mensajeros que influyen en el eje intestino-cerebro.

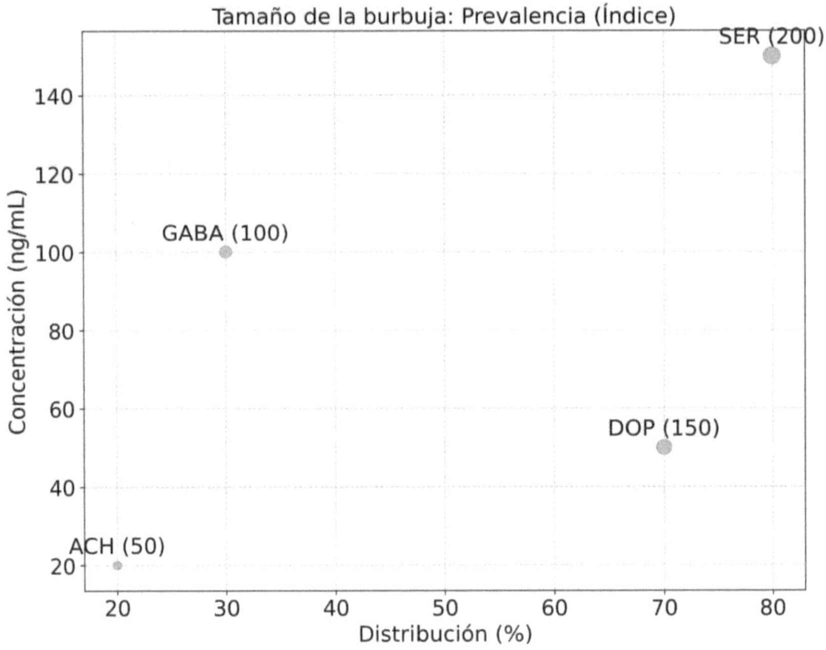

Blasengröße: Prevalencia (Índice)

ACH: Acetilcolina

GABA: GABA

DOP: Dopamina

SER: Serotonina

La serotonina muestra una alta concentración y una amplia distribución, lo que sugiere un papel significativo en la comunicación intestino-cerebro. La dopamina, aunque menos concentrada, también tiene una amplia distribución. La distribución localizada del GABA, a pesar de su concentración relativamente alta, podría indicar funciones más específicas. Finalmente, la baja concentración y distribución de la acetilcolina podría sugerir un papel más matizado en este complejo sistema.

Mecanismos de control de la actividad intestinal

La actividad intestinal se regula mediante una compleja interacción de señales nerviosas, inmunológicas y hormonales. El sistema nervioso entérico (SNE), a menudo denominado "segundo cerebro", regula las funciones intestinales de manera mayormente autónoma. [s12] Comprende una red de neuronas y células gliales incrustadas en la pared intestinal que controlan las contracciones musculares, la secreción de jugos digestivos y la irrigación sanguínea del intestino. [s13] Este sistema intrínseco es modulado por señales del sistema nervioso central (SNC), que se transmiten a través del nervio vago y vías nerviosas simpáticas. [s12] El nervio vago, el nervio más grande del sistema nervioso parasimpático, transmite señales entre el intestino y el cerebro, influyendo así en la motilidad intestinal, la secreción y las respuestas inmunitarias. Las fibras nerviosas simpáticas, en cambio, suelen tener un efecto inhibidor sobre la actividad intestinal. La comunicación entre el SNE y el SNC se lleva a cabo a través de neurotransmitter, mensajeros químicos que transmiten señales entre las células nerviosas. [s12] Por ejemplo, un aumento en la liberación de serotonina en el intestino afecta la movilidad y la sensibilidad del tracto digestivo. Aquellos que sufren de estreñimiento podrían beneficiarse de una dieta rica en triptófano, ya que el triptófano es el precursor de la serotonina. Además del control neuronal, los procesos inmunológicos también influyen en la actividad intestinal. [s12] Las células inmunitarias en el intestino, como los macrófagos y los mastocitos, se comunican con el SNE y modulan la motilidad intestinal. En una dysbiose, un desequilibrio de la flora intestinal, se pueden liberar citoquinas proinflamatorias que aumentan la permeabilidad intestinal y afectan la actividad del SNE. [s12] Una mayor permeabilidad intestinal, también conocida como "intestino permeable", puede permitir que bacterias y sus productos metabólicos ingresen al torrente sanguíneo y desencadenen inflamaciones sistémicas.

[s14] Además, las células enteroendocrinas en el intestino producen hormonas que ingresan al torrente sanguíneo y afectan la actividad intestinal así como las funciones del SNC. [s15] Estas células responden a componentes alimentarios y metabolite microbianos y liberan hormonas como la grelina, la leptina y péptido YY, que regulan el apetito, la saciedad y el metabolismo energético. La diversidad de los mecanismos de control subraya la compleja interacción entre el intestino y el cerebro y destaca la importancia de una flora intestinal equilibrada y un estilo de vida saludable para el bienestar.

Factores que influyen en la actividad intestinal

Fuerza de la influencia de diversos factores en la actividad intestinal.

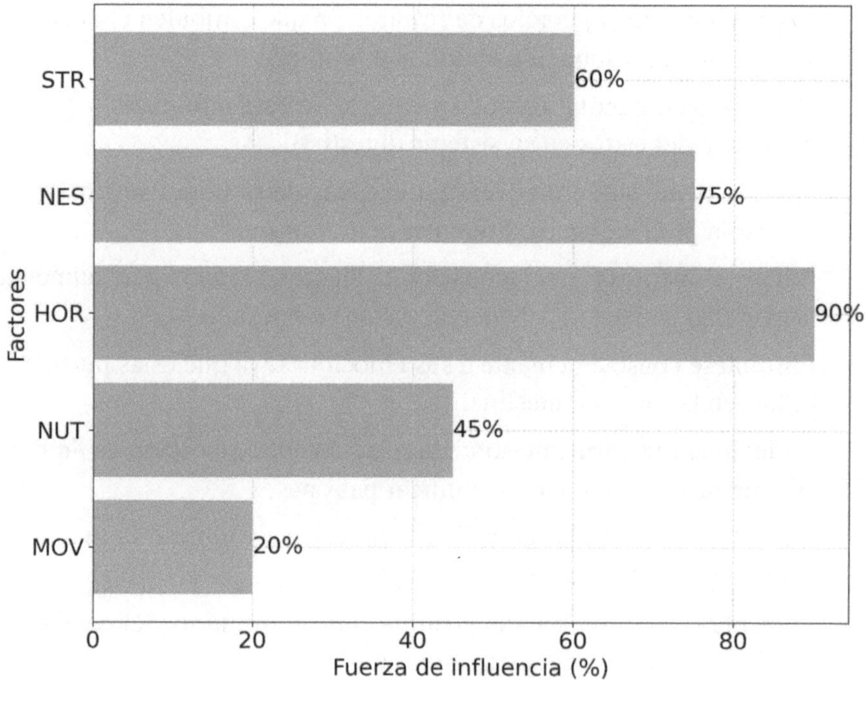

HOR: Hormonas

NES: Señales neuronales

STR: Estrés

MOV: Movimiento

NUT: Nutrición

El diagrama de barras horizontal visualiza la influencia de varios factores en la actividad intestinal. Las influencias hormonales muestran el efecto más fuerte, seguido de las señales neuronales. El estrés y la nutrición también juegan un papel, pero en menor medida. El movimiento tiene la menor influencia en comparación con los otros factores mostrados.

Consejos concretos

- Refine su percepción de las señales intestinales prestando atención consciente a las sensaciones de hambre y saciedad.
- Incorpore masajes abdominales suaves y regulares en su rutina diaria para estimular el movimiento intestinal.
- Experimente con ejercicios de respiración que estimulen el nervio vago, como la respiración abdominal profunda.
- Cree oasis de tranquilidad en su vida diaria para minimizar la influencia del estrés en su sistema digestivo.
- Varíe su dieta para promover la diversidad de su flora intestinal y apoyar la producción de diferentes neurotransmisores.
- Pruebe alimentos fermentados como chucrut o kimchi para aumentar la cantidad de bacterias beneficiosas en su intestino.
- Enfréntese conscientemente a sus emociones, ya que estas pueden influir en la función intestinal.
- Reflexione regularmente sobre la relación entre su estado de ánimo y su sistema digestivo para identificar patrones.
- Convierta sus comidas en un ritual consciente y tómese su tiempo para comer, apoyando así la digestión.
- Fomente una comunicación positiva entre el intestino y el cerebro mediante ejercicio regular al aire libre.
- Aprenda a interpretar las señales de su cuerpo y ajuste su dieta y estilo de vida en consecuencia.
- Preste atención a dormir lo suficiente, ya que esto apoya la regeneración del intestino y del cerebro.
- Establezca una rutina matutina que le dé a su intestino tiempo para prepararse para el día.

1. 2 Flora intestinal y microbioma

La flora intestinal y el microbioma, una comunidad compleja de microorganismos en el intestino, juegan un papel crucial en nuestra salud. No solo influyen en la digestión y el metabolismo, sino que también producen vitaminas importantes, ácidos grasos de cadena corta e incluso neurotransmisores que se comunican con el cerebro. Estas interacciones tienen repercusiones de gran alcance, desde la defensa inmunológica hasta la salud mental. Por el contrario, una flora intestinal desequilibrada puede llevar a problemas como inflamaciones y una barrera intestinal debilitada. Descubra el fascinante mundo del eje intestino-cerebro y aprenda cómo este sistema complejo influye en nuestro bienestar.

La salud del intestino, especialmente el equilibrio y la diversidad de la flora intestinal, es fundamental para la salud física y mental, ya que influye en la comunicación entre el intestino y el cerebro, así como en la respuesta al estrés.

Cepas bacterianas y sus funciones

Las cepas bacterianas que habitan en el intestino humano cumplen diversas funciones relevantes para nuestra salud. Participan en la digestión y ayudan a mantener intacta la darmbarriere [s16]. Por ejemplo, apoyan el procesamiento de carbohidratos y producen ácidos grasos de cadena corta (AGCC) como acetato, propionato y butirato [s17]. Estos AGCC sirven como fuente de energía para el cuerpo e influyen en los procesos metabólicos [s18]. Además, las bacterias intestinales producen vitaminas que el ser humano no puede sintetizar, como la vitamina K y las vitaminas del grupo B [s19]. La composición de la microbiota no es estática, sino que cambia a lo largo de la vida y depende de factores como el modo de nacimiento, la dieta y el uso de antibióticos [s17]. Un aspecto importante es la diversidad de la microbiota: una mayor variedad se asocia con una función metabólica más robusta [s17]. La microbiota también apoya el desarrollo del sistema inmunológico y protege contra patógenos [s19]. A través de la interacción con el sistema inmunológico, contribuye a la salud y previene enfermedades [s18]. Las bacterias en el intestino también producen neurotransmitter que se comunican con el cerebro a través de diversas vías, lo que puede influir en nuestro comportamiento [s16]. Esta comunicación entre el intestino y el cerebro se media a través de moléculas de señalización como los ácidos grasos de cadena corta y metabolitos de triptófano [s20]. El estrés puede alterar la composición y función del microbioma, lo que a su vez influye en la respuesta al estrés [s16].

La fase perinatal, es decir, el tiempo alrededor del nacimiento, influye en el desarrollo del microbioma y, por ende, en el desarrollo psicológico [s16]. Los bebés prematuros, por ejemplo, presentan una microbiota diferente a la de los bebés a término, con menor diversidad y un mayor porcentaje de microorganismos potencialmente patógenos [s21]. Por lo tanto, una microbiota saludable en la primera fase de la vida puede ofrecer beneficios para la salud a lo largo de la vida al modular la comunicación entre el cerebro y el intestino y la respuesta al estrés [s21].

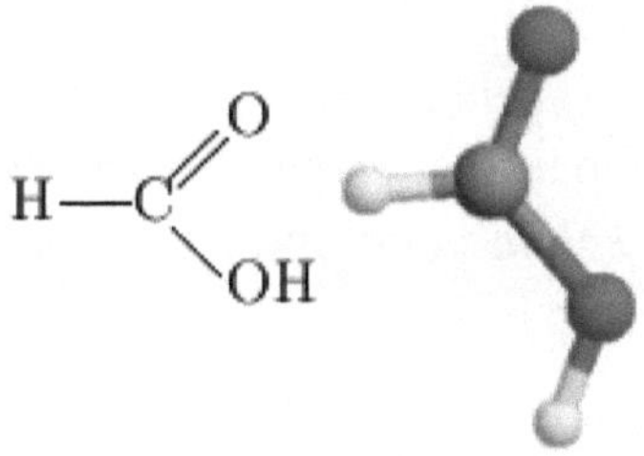

Ácidos grasos de cadena corta (AGCC) [i2]

Bueno saber

Bebés a término

Los bebés a término suelen desarrollar una flora intestinal más diversa que los prematuros, lo que impacta positivamente en el desarrollo del sistema inmunológico y la comunicación intestino-cerebro.

Cepas bacterianas

Las cepas bacterianas en el intestino influyen en la absorción y utilización de nutrientes, lo que afecta el suministro de energía al cerebro.

Fase perinatal

La fase perinatal es crucial para el desarrollo del microbioma y la programación del eje intestino-cerebro, lo que tiene efectos a largo plazo en la salud.

Metabolitos de triptófano

Los metabolitos de triptófano, producidos por las bacterias intestinales, influyen en el ritmo sueño-vigilia y la respuesta al estrés.

Distribución representativa de bacterias intestinales

Abundancia relativa de los principales filos bacterianos en un intestino sano.

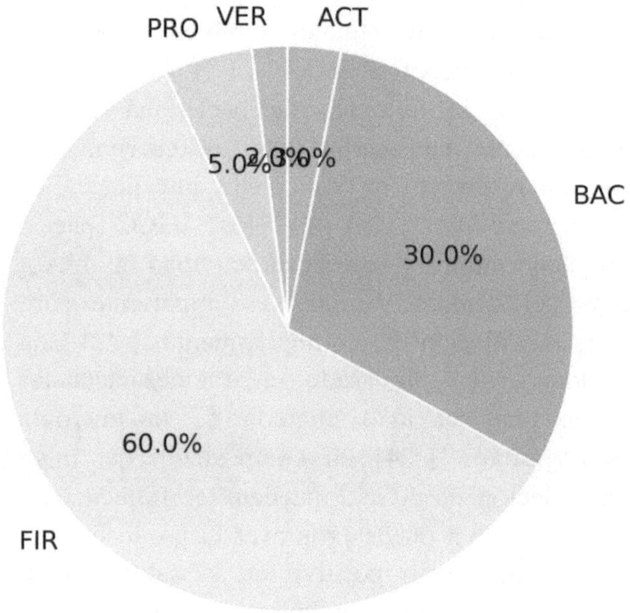

ACT: Actinobacterias
BAC: Bacteroidetes
FIR: Firmicutes
PRO: Proteobacterias
VER: Verrucomicrobia

Los filos Firmicutes y Bacteroidetes constituyen la gran mayoría de la microbiota intestinal, destacando sus funciones cruciales en la digestión y la salud en general. Aunque menos abundantes, la presencia de Proteobacterias, Actinobacterias y Verrucomicrobia contribuye a la diversidad del ecosistema intestinal y probablemente influye en diversos procesos metabólicos. Este equilibrio es esencial para mantener la homeostasis intestinal y potencialmente impacta el eje intestino-cerebro.

Productos metabólicos de las bacterias intestinales

Las bacterias intestinales producen una variedad de productos metabólicos que tienen amplias repercusiones en nuestra salud. Además de los ácidos grasos de cadena corta (AGCC) mencionados anteriormente, como acetato, propionato y butirato, las bacterias intestinales también generan ácidos biliares, neurotransmitter y lipopolisacáridos (LPS). [s22] [s23] Los AGCC se producen mediante la fermentación bacteriana de fibras y no solo sirven como fuente de energía para el cuerpo, sino que también interactúan con receptores en las células intestinales, influyendo en la comunicación neuronal. [s23] Así, los AGCC pueden atravesar la barrera hematoencefálica y regular la actividad de microglía, las células inmunitarias del cerebro, lo cual es importante para el desarrollo cerebral y la modulación del comportamiento. [s22] Una deficiencia de AGCC, como se ha observado en ratones ancianos, puede estar asociada con una actividad alterada de la microglía y favorecer problemas cognitivos. [s24] La composición del microbioma y, por ende, la producción de AGCC pueden ser influenciadas por la dieta. Una dieta rica en fibra puede promover la producción de AGCC y, por lo tanto, tener un efecto positivo en la salud cerebral. Los ácidos biliares, que son productos metabólicos del hígado, son procesados en el intestino por las bacterias intestinales y convertidos en ácidos biliares secundarios. [s24] Estos ácidos biliares secundarios influyen, entre otras cosas, en el metabolismo del colesterol y la sensibilidad a la insulina. [s24] [s25] Se han asociado concentraciones elevadas de ácidos biliares secundarios producidos bacterianamente en la sangre con pérdidas cognitivas. [s24]

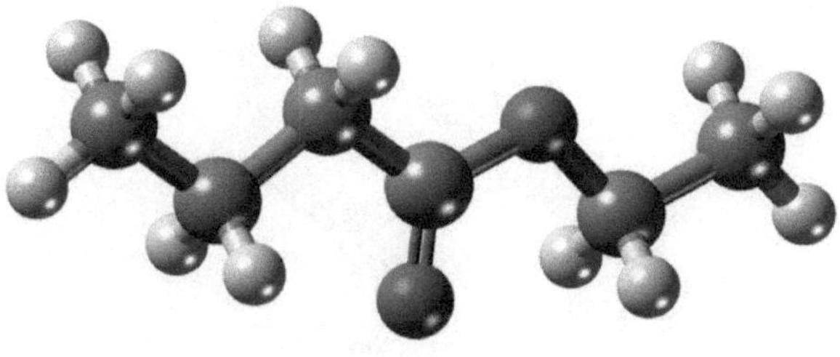

Butirato [i3]

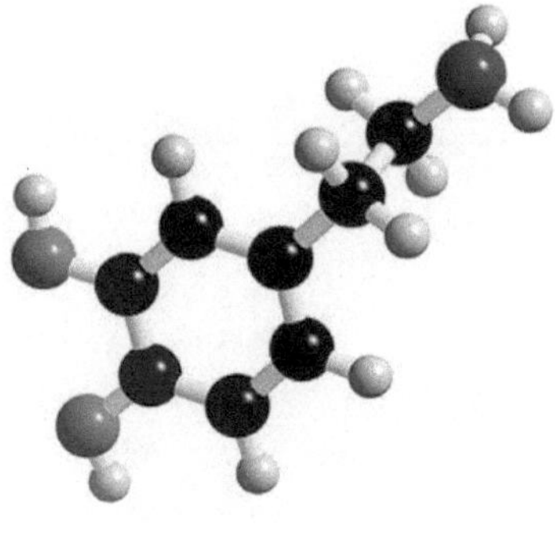

Dopamina [i4]

Las bacterias intestinales también participan en la producción de neurotransmisores, incluyendo serotonina, dopamina y GABA. [s23] La serotonina, que se produce en gran parte en el intestino, es relevante no solo para la función intestinal, sino también para los procesos cognitivos. [s26] Diferentes especies bacterianas contribuyen a la producción de serotonina al influir en las células enteroendocrinas en el intestino, que son responsables de la síntesis de serotonina. [s23] Los lipopolisacáridos (LPS) son componentes de la pared celular de ciertas bacterias. Los LPS pueden ingresar al torrente sanguíneo y desencadenar reacciones inflamatorias. [s22] Se observan marcadores inflamatorios elevados también en la depresión, lo que sugiere una posible relación entre los LPS y las enfermedades mentales. [s22] Una dysbiose, es decir, una flora intestinal desequilibrada, puede aumentar la permeabilidad de la barrera intestinal y, por lo tanto, favorecer la entrada de LPS en el torrente sanguíneo. [s27]

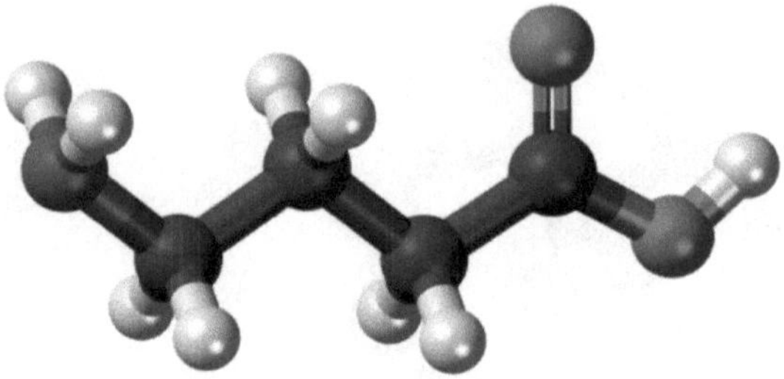

GABA [i5]

Metabolitos Bacterianos Intestinales y Eje Intestino-Cerebro

Abundancia Relativa de Metabolitos Clave

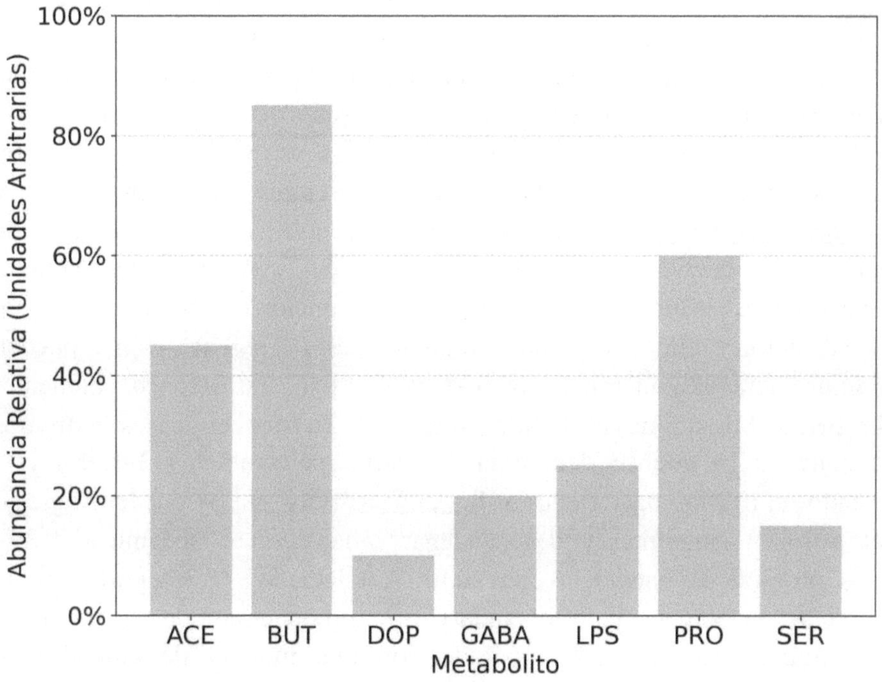

ACE: Acetato

BUT: Butirato

DOP: Dopamina

GABA: GABA

LPS: Lipopolisacárido

PRO: Propionato

SER: Serotonina

Los datos destacan la producción significativa de AGCC como butirato y propionato, conocidos por sus efectos beneficiosos sobre la salud intestinal y la función cerebral. Los niveles relativamente más bajos de neurotransmisores como la serotonina y la dopamina, aunque importantes, sugieren que su función dentro del intestino puede ser más localizada o requerir más investigación. La presencia de LPS indica una posible actividad inflamatoria y su equilibrio con metabolitos beneficiosos es crucial para la salud en general.

Función protectora de la barrera intestinal

La barrera intestinal, una estructura compleja, actúa como un escudo entre el contenido intestinal y el interior del cuerpo. Está compuesta por varias capas, incluyendo una de células epiteliales estrechamente unidas [s28]. Estas forman una barrera física que impide el paso de sustancias no deseadas como patógenos y toxinas. Este protección física se complementa con un componente bioquímico: las células secretoras producen moco y péptidos antimicrobianos, que dificultan aún más la entrada de sustancias nocivas [s28]. La regeneración constante del epitelio intestinal es esencial para mantener esta función de barrera. Vías de señalización alteradas que regulan esta regeneración pueden comprometer la función de la barrera [s28]. El estrés puede aumentar la permeabilidad de la barrera intestinal, lo que en casos extremos conduce a lo que se denomina "intestino permeable" [s29]. En este estado, antígenos bacterianos y lipopolisacáridos (LPS) pueden ingresar al torrente sanguíneo y desencadenar inflamaciones sistémicas [s29]. Los probióticos pueden ayudar aquí, fortaleciendo la integridad de la barrera intestinal y reduciendo la producción de mediadores proinflamatorios [s30]. Comparado con una muralla de ciudad bien mantenida que repele intrusos, una barrera intestinal intacta protege al organismo de influencias dañinas. Una dieta específica con suficiente fibra puede influir positivamente en la diversidad de las bacterias intestinales y, por lo tanto, apoyar indirectamente la función protectora de la barrera intestinal [s31].

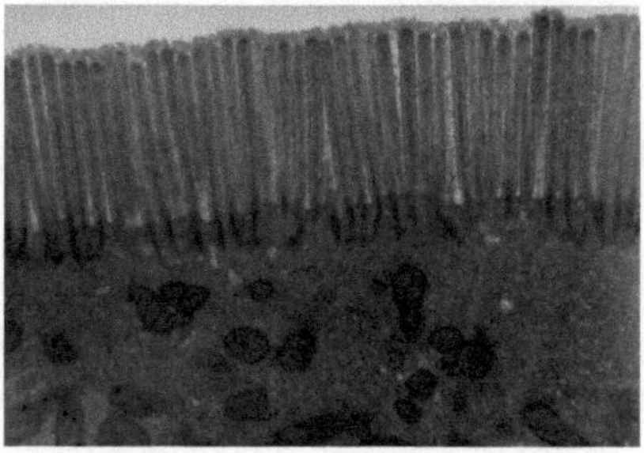

Células epiteliales [i6]

Bueno saber

Células epiteliales

Las células epiteliales forman la capa más interna de la barrera intestinal y están estrechamente unidas para prevenir la entrada de sustancias nocivas y patógenos. Juegan un papel clave en la absorción de nutrientes y en la interacción con el microbioma.

Lipopolisacáridos (LPS)

Los lipopolisacáridos (LPS) son componentes de la pared celular de ciertas bacterias que pueden desencadenar reacciones inflamatorias al ingresar al torrente sanguíneo. En el contexto de la conexión cerebro-intestino, se discute si los LPS del intestino pueden llegar al cerebro a través del torrente sanguíneo y afectar procesos neurológicos.

Péptidos antimicrobianos

Los péptidos antimicrobianos son pequeñas proteínas producidas por células del sistema inmunológico y de la mucosa intestinal. Actúan contra varios microorganismos destruyendo sus membranas celulares o inhibiendo su crecimiento, contribuyendo así a la defensa contra infecciones en el intestino.

Composición de los Factores de la Barrera Intestinal

Contribución relativa de los factores que influyen en la integridad de la barrera intestinal.

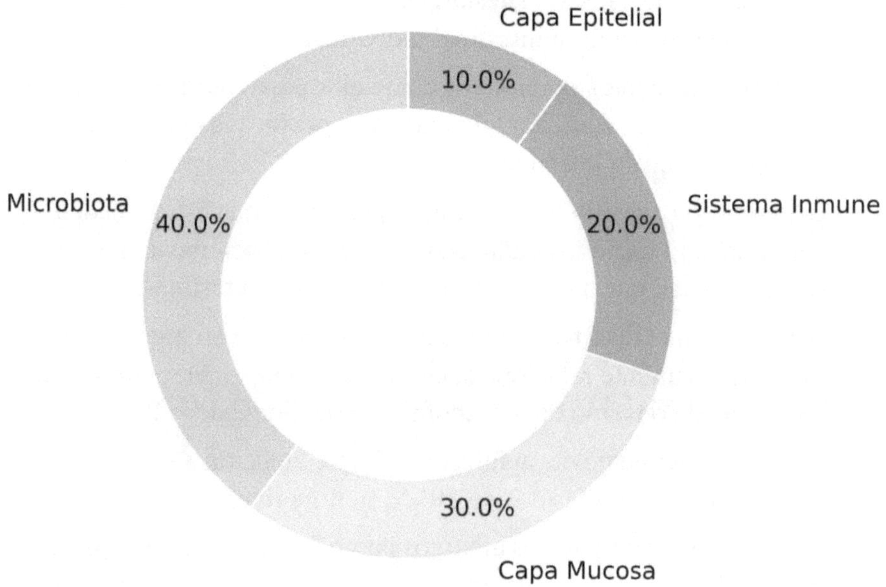

EPI: Capa Epitelial

IMM: Sistema Inmune

MIC: Microbiota

MUC: Capa Mucosa

El segmento más grande representa el papel crucial de la microbiota intestinal en el mantenimiento de una barrera sana. Una parte significativa se atribuye a la capa mucosa, destacando su importancia como barrera física y química. El componente del sistema inmunitario refleja su papel activo en la regulación de la función de barrera y la respuesta a posibles amenazas. Por último, la capa epitelial representa la base celular de la barrera, esencial para la permeabilidad selectiva y la absorción de nutrientes.

Consejos concretos

- Cuide su flora intestinal como un jardín: Aporte diversidad a su cama de bacterias intestinales mediante el consumo regular de diferentes fuentes de fibra, como semillas de lino, cáscaras de psyllium o semillas de chía.
- Cree un "diario de la flora intestinal": Anote qué alimentos le sientan bien y cuáles le causan malestar, para comprender mejor las necesidades de su flora intestinal individual.
- Incorpore alimentos prebióticos como el topinambur o las cebollas en su dieta, para "fertilizar" de manera específica las bacterias beneficiosas en su intestino.
- Evite el uso excesivo de enjuagues bucales, ya que estos pueden matar no solo bacterias dañinas, sino también bacterias útiles en la cavidad bucal, que a su vez influyen en la flora intestinal.
- Apoye la capacidad natural de desintoxicación de su hígado, ya que está estrechamente relacionada con la salud intestinal, por ejemplo, mediante el consumo de alcachofas o té de diente de león.
- Aprenda el lenguaje de su intestino: Preste atención a la consistencia de sus heces para inferir el estado de su flora intestinal.
- Considere los compuestos amargos como "estimulantes del apetito" para su flora intestinal: Incorpore ensaladas o hierbas amargas como el achicoria o la rúcula en su dieta.
- Aumente la resistencia de su flora intestinal reduciendo "factores de estrés" como los alimentos altamente procesados o el consumo excesivo de azúcar.

1. 3 Señales de hambre del cerebro

El control del hambre y la saciedad es esencial para nuestra salud y bienestar. Un complejo entramado de hormonas, señales nerviosas y la flora intestinal regula la ingesta de alimentos. Las disfunciones en este sistema pueden llevar a sobrepeso, trastornos alimentarios y otros problemas de salud. Desde el estómago hasta el cerebro: diferentes actores como CCK, grelina, el nervio vago y el hipotálamo juegan un papel crucial en la aparición del hambre y la saciedad. También la composición de nuestra alimentación y la actividad de nuestra flora intestinal influyen de manera significativa en estos procesos. Entienda el lenguaje de su cuerpo: en el siguiente capítulo revelaremos los fascinantes detalles de las señales de hambre del cerebro y cómo moldean nuestro comportamiento alimentario.

La flora intestinal desempeña un papel activo en la regulación del apetito al modular la producción de hormonas del hambre y la saciedad, contribuyendo así al equilibrio del gasto energético.

Mecanismos de saciedad

Los mecanismos de saciedad son procesos complejos que se regulan mediante una interacción de señales del tracto gastrointestinal y el cerebro. El estómago envía señales al cerebro tanto a través de impulsos eléctricos como mediante la liberación de hormonas, indicando cuándo está lleno [s32]. Estas hormonas, como la colecistoquinina (CCK), actúan como mensajeros e informan al cerebro sobre el estado de saciedad, lo que provoca una sensación de plenitud y inhibe la ingesta de alimentos [s33]. La distensión de las paredes del estómago por los alimentos ingeridos también desencadena impulsos nerviosos que se transmiten al cerebro a través del nervio vago [s34]. Este nervio actúa como una especie de autopista de datos entre el tracto gastrointestinal y el cerebro, transmitiendo información sobre el estado de llenado y la composición de los alimentos. Además de estas señales de saciedad a corto plazo, existen mecanismos a largo plazo que regulan el balance energético del cuerpo. La insulina, la glucosa y los aminoácidos en el torrente sanguíneo juegan un papel crucial y afectan la saciedad durante períodos prolongados [s32]. La oxidación, es decir, la quema de nutrientes, también contribuye a la saciedad a largo plazo [s32]. Un nivel de azúcar en sangre equilibrado, por ejemplo, a través del consumo de alimentos ricos en fibra que ralentizan la absorción de

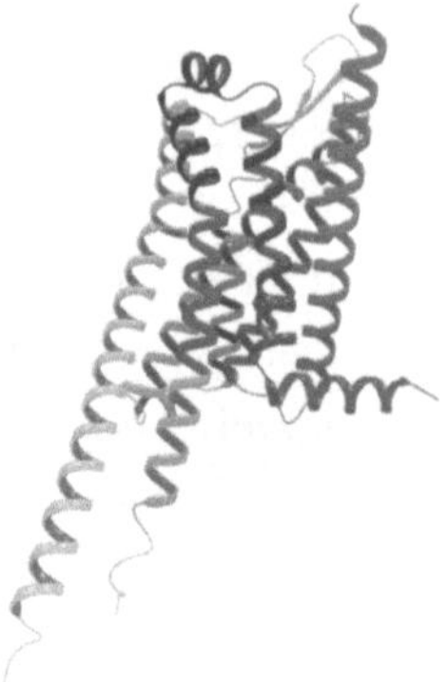

Colecistoquinina [i7]

Insulina [i8]

glucosa, puede contribuir a una sensación de saciedad más duradera. La investigación sobre el desarrollo de alimentos que promuevan la saciedad de manera específica ofrece enfoques prometedores para influir positivamente en los hábitos alimenticios y apoyar una dieta saludable [s32]. Diferentes neuronas en el hipotálamo, una región del cerebro, responden a estas señales y regulan la sensación de hambre y saciedad [s34]. Las neuronas AgRP fomentan el hambre, mientras que las neuronas POMC transmiten la sensación de saciedad [s34]. Estas neuronas son moduladas por estímulos alimentarios y el estado de nutrientes, lo que lleva a una adaptación dinámica de la sensación de hambre y saciedad. La actividad neuronal en el hipotálamo, por lo tanto, se ve influenciada por señales del tracto gastrointestinal y modula la ingesta de alimentos [s34].

Bueno saber

Colecistoquinina (CCK)

Una hormona producida en el intestino delgado que ralentiza el vaciamiento del estómago y promueve la sensación de saciedad en el cerebro. Juega un papel importante en la comunicación entre el intestino y el cerebro en relación con el hambre y la saciedad.

Neurona AgRP

Células nerviosas especiales en el hipotálamo que estimulan la sensación de hambre. Responden a señales del cuerpo que indican una necesidad de energía.

Neurona POMC

Células nerviosas especiales en el hipotálamo que promueven la sensación de saciedad. Se activan mediante señales del tracto digestivo que indican que se ha consumido suficiente alimento.

Señales de saciedad a lo largo del tiempo

Señales hormonales y sensoriales de saciedad durante una comida.

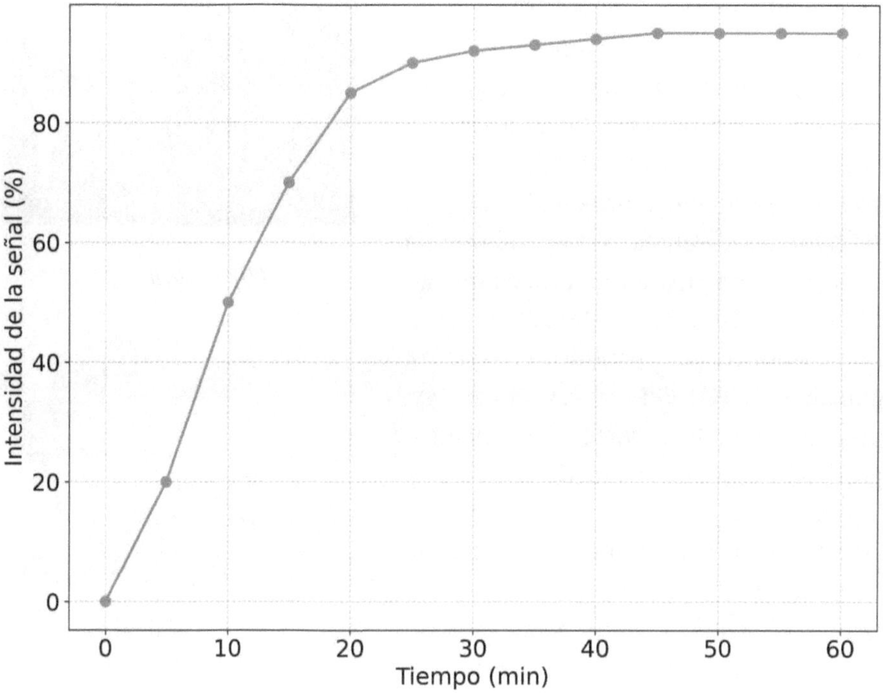

El gráfico ilustra la interacción de diferentes señales de saciedad. El rápido aumento inicial de la satisfacción sensorial contribuye a la sensación de plenitud durante la comida. A medida que la información sensorial se estabiliza, las señales hormonales, aunque retardadas, se vuelven más prominentes, lo que contribuye a una saciedad sostenida después de la comida. La combinación de estas señales regula la ingesta de alimentos y ayuda a mantener el equilibrio energético.

Control hormonal

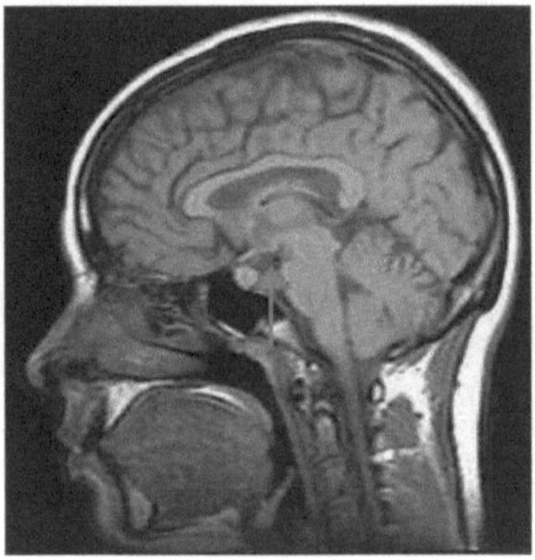

Hipotálamo [i9]

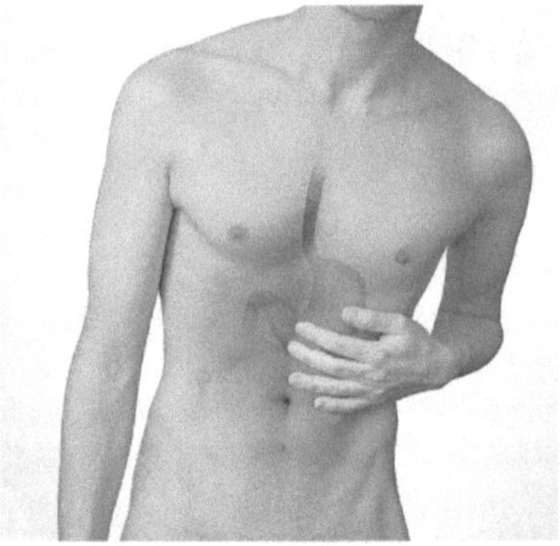

estómago [i10]

Las sustancias mensajeras hormonales regulan el hambre y la saciedad de manera compleja. Además de las señales de saciedad a corto plazo ya mencionadas, como la colecistoquinina (CCK), existen otras hormonas que influyen en el apetito y la ingesta de alimentos [s35] [s36]. La grelina, producida principalmente en el estómago, señala al hipotálamo la sensación de hambre, especialmente cuando el estómago está vacío [s35]. En contraste, el péptido similar al glucagón-1 (GLP-1) y el peptid_yy, liberados tras la ingesta de alimentos, promueven la sensación de saciedad y inhiben la ingesta adicional de alimentos [s35]. Otra hormona, la leptina, es producida por las células grasas y regula a largo plazo el peso corporal al inhibir la ingesta de alimentos y aumentar el gasto energético [s36]. Estas señales hormonales actúan sobre neuronas en el hipotálamo, que controlan la sensación de hambre y saciedad. Un equilibrio adecuado de estas hormonas es crucial para una regulación saludable de la ingesta de alimentos. Si las señales de saciedad se ven alteradas, por ejemplo, por estrés crónico o falta de sueño, esto puede llevar a un aumento de la sensación de hambre y a una mayor ingesta calórica. Inversamente, las estrategias para mejorar la calidad del sueño y el manejo del estrés pueden ayudar a apoyar el control hormonal natural del apetito. [s37]

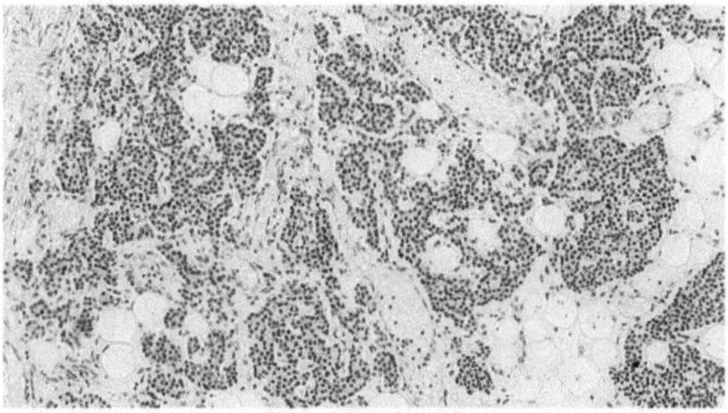

adipocito [i11]

Bueno saber

Colecistoquinina

Una hormona que se produce en el intestino delgado y que ralentiza el vaciamiento gástrico y envía señales de saciedad al cerebro después de comer. Juega un papel importante en la regulación del apetito a corto plazo y contribuye a la finalización de una comida.

Neuronas

Células nerviosas que transmiten señales en el cuerpo y el cerebro. En relación con el hambre y la saciedad, las neuronas en el hipotálamo reciben señales de hormonas como la grelina, la leptina, el GLP-1 y la CCK, y así controlan la ingesta de alimentos.

Influencia Hormonal en el Hambre

Niveles hormonales y su impacto en el hambre, categorizados por efecto.

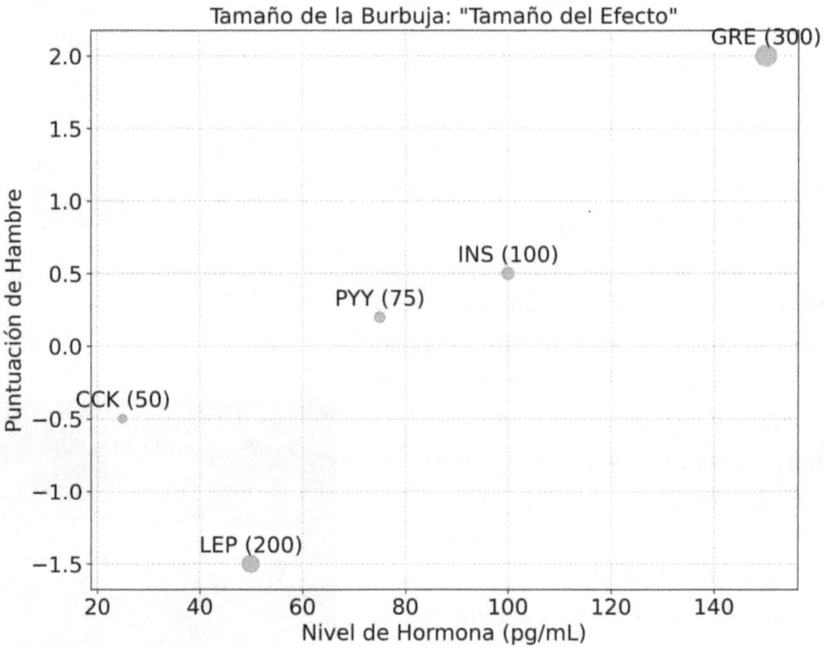

Blasengröße: Tamaño del Efecto

CCK: CCK

INS: Insulina

PYY: PYY

GRE: Grelina

LEP: Leptina

La fuerte influencia de la grelina en el hambre es evidente por su gran tamaño y alta puntuación de hambre. La leptina, a pesar de su menor concentración, juega un papel importante en la saciedad, como lo demuestra su puntuación negativa de hambre. Otras hormonas, aunque presentes, ejercen un efecto menor y matizado en la regulación del hambre.

Regulación del apetito

La regulación del apetito es una interacción compleja de varios factores que controlan el hambre y la saciedad. Además de las hormonas conocidas como cholecystokinin_cck, grelina, GLP-1 y péptido YY, existen otros mecanismos que influyen en el apetito [s38]. El cerebro, especialmente el hipotálamo y el tronco encefálico, procesa señales del tracto gastrointestinal y del tejido adiposo para regular la ingesta de alimentos y el balance energético [s38]. Las señales metabólicas, incluyendo el nivel de glucosa en sangre y los mensajeros del tejido adiposo, juegan un papel importante [s38]. Así, una disminución en el nivel de glucosa en sangre estimula el hambre, mientras que un aumento señala saciedad [s38]. El tejido adiposo produce hormonas como la leptina, que inhibe la ingesta de alimentos y aumenta el gasto energético. La interacción entre leptina e insulina en el hipotálamo es crucial para el control del apetito y el balance energético [s38]. La ingesta de alimentos activa el nervio vago, lo que aumenta la liberación de serotonina tanto en el estómago como en el cerebro, contribuyendo así a la regulación del apetito [s39]. Un sueño profundo y reparador puede apoyar el control hormonal natural del apetito. La flora intestinal (microbiota) produce ácidos

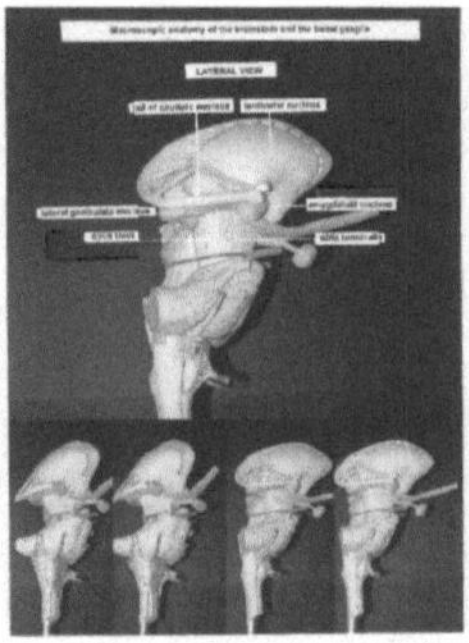

tronco encefálico [i12]

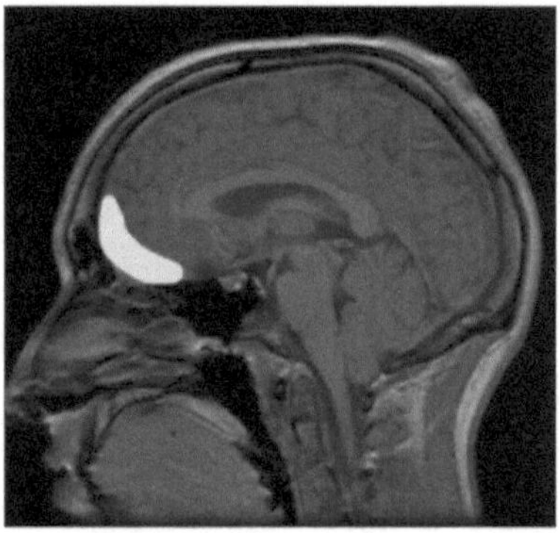

Corteza orbitofrontal [i13]

grasos de cadena corta (SCFAs), que pueden promover la liberación de hormonas de saciedad como GLP-1 y péptido YY, al mismo tiempo que reducen la producción de la hormona del hambre, grelina [s40]. La insulina, que normalmente reduce la glucosa en sangre, puede aumentar el hambre en concentraciones excesivas (hiperinsulinemia) [s40]. Una flora intestinal desequilibrada puede llevar a la resistencia a la insulina y alterar el equilibrio entre las señales de hambre y saciedad [s40]. El estrés influye en la regulación del apetito al aumentar la producción de hormonas como el cortisol y la grelina, lo que puede llevar a un aumento en la ingesta de alimentos [s40]. Los sistemas de recompensa en el cerebro, especialmente el sistema dopaminérgico, se activan con alimentos hipercalóricos e influyen en la experiencia de placer al comer [s40]. Además del hipotálamo, otras regiones del cerebro están involucradas en la regulación del apetito, incluyendo la ínsula, la amígdala, el hipocampo y corteza orbitofrontal [s41]. La actividad en el caudado, una parte de los ganglios basales, puede correlacionarse tanto positiva como negativamente con los reguladores de saciedad [s41]. El orexina producido en el hipotálamo lateral estimula la ingesta de alimentos más que otros péptidos [s42]. La composición de los alimentos y la flora intestinal influyen en la producción de grelina [s43]. Mientras que algunas especies bacterianas promueven la liberación de grelina, otras la inhiben [s43]. Las complejas interacciones entre la flora intestinal y el sistema de grelina aún son objeto de investigación [s43]. Una dieta rica en fibra puede contribuir a una sensación de saciedad más prolongada al ralentizar la absorción de glucosa.

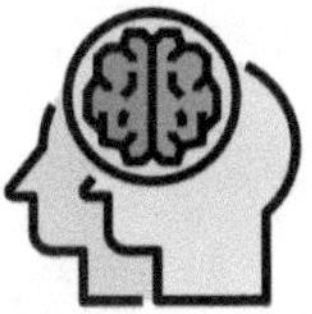

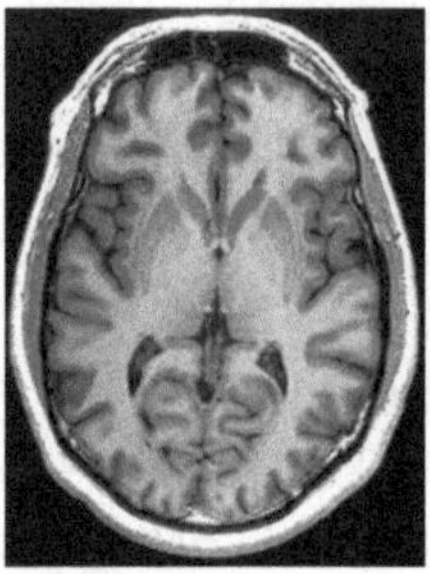

Núcleo caudado [i14]

Bueno saber

Ácidos grasos de cadena corta

Los ácidos grasos de cadena corta (SCFAs) son productos metabólicos producidos por bacterias intestinales a través de la fermentación de fibras. Sirven como fuente de energía para las células intestinales y afectan la salud intestinal así como la regulación del apetito.

Caudado

El caudado es parte de los ganglios basales, que están involucrados en el control de movimientos y hábitos. En el contexto de la regulación del apetito, el caudado puede influir en la ingesta de alimentos al responder a señales de reguladores de saciedad.

Corteza orbitofrontal

La corteza orbitofrontal es una región del cerebro involucrada en procesos de toma de decisiones y en la evaluación de recompensas. Juega un papel en la selección de alimentos y el control del comportamiento alimentario.

Orexina

La orexina es un neuropéptido producido en el hipotálamo lateral que estimula la ingesta de alimentos. Juega un papel importante en la regulación de la vigilia y el apetito.

Factores que influyen en el apetito

Efectos sobre la sensación de hambre

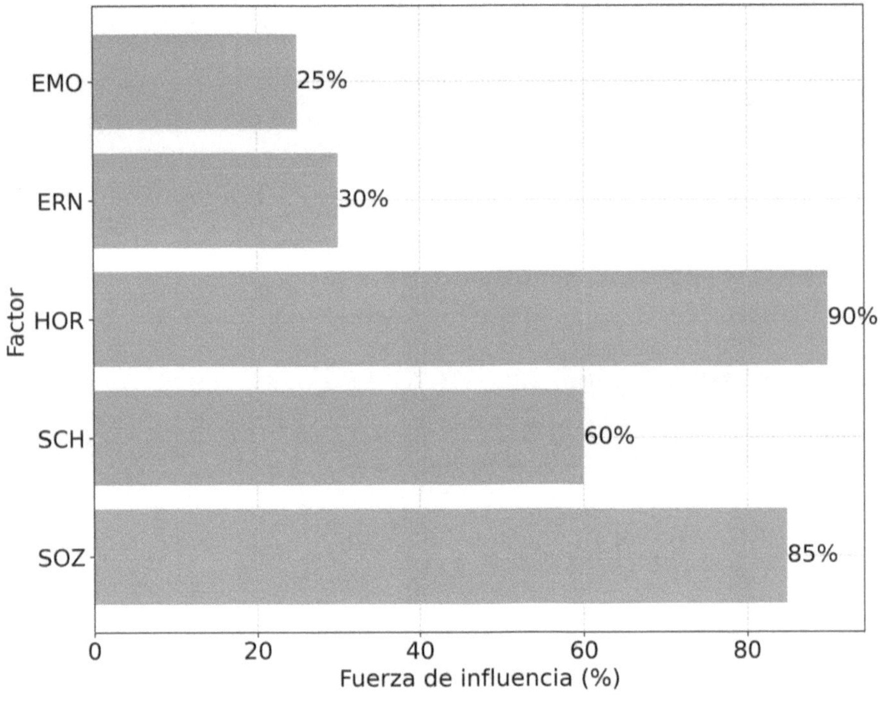

EMO: Emociones/Estrés

ERN: Nutrición

HOR: Influencias hormonales

SCH: Sueño

SOZ: Factores sociales

Las influencias hormonales tienen el mayor impacto en el apetito, seguidas de cerca por las emociones y el estrés. El sueño y los factores sociales juegan un papel menor, pero aún perceptible. La nutrición en sí tiene una influencia moderada.

Consejos concretos

- Modifique sus horarios de comida mínimamente para redescubrir sus señales internas de hambre.
- Coma un bocado de su comida favorita de manera consciente y lenta para percibir las señales de saciedad de su cerebro.
- Beba un vaso de agua antes de cada comida y espere cinco minutos para sentir la diferencia en su sensación de hambre.
- Concéntrese exclusivamente en la comida mientras come y deje a un lado todas las distracciones como el teléfono móvil o la televisión.
- Cierre los ojos antes de cada bocado y visualice el recorrido de la comida a través de su cuerpo.
- Mastique cada bocado al menos 30 veces para favorecer la digestión y la saciedad.
- Varíe las texturas de sus alimentos para intensificar la percepción de su saciedad.
- Reemplace una bebida azucarada por una taza de té de hierbas sin endulzar y observe cómo cambia su sensación de hambre.
- Antes de alcanzar un refrigerio, pregúntese: "¿Realmente tengo hambre o es algo diferente?"
- Respire profundamente en el abdomen antes y después de comer para fortalecer la conexión con su sistema digestivo.
- Tómese un tiempo después de comer para dar un breve paseo, para estimular la digestión y apoyar su saciedad.
- Reflexione por la noche sobre sus comidas y las emociones asociadas para comprender mejor sus hábitos alimenticios.
- Escuche las señales de su cuerpo y coma solo hasta que sienta una saciedad agradable.

Revisión - 1. Fundamentos de la conexión intestino-cerebro

El fascinante mundo de la conexión cerebro-intestino nos abre nuevas vías para considerar e influir en nuestra salud de manera integral. No se trata solo de una red compleja de nervios, hormonas y mensajeros inmunitarios que conectan el intestino y el cerebro, sino de un ecosistema dinámico en el que la flora intestinal desempeña un papel crucial. Este entendimiento le permite tomar un papel activo en su bienestar.

Un primer paso para mejorar su comunicación intestino-cerebro radica en una alimentación consciente. Los alimentos ricos en fibra, como frutas, verduras y productos integrales, nutren las "buenas" bacterias intestinales y fomentan una flora intestinal diversa. Esta, a su vez, produce valiosas grasas de cadena corta, que no solo sirven como fuente de energía para el cuerpo, sino que también refuerzan la barrera intestinal y modulan positivamente la comunicación entre el intestino y el cerebro. Además, preste atención a una ingesta adecuada de triptófano, un aminoácido que el cuerpo necesita para la producción de serotonina. La serotonina juega un papel importante en la función intestinal, así como en su estado de ánimo, sueño y apetito. Integre alimentos ricos en triptófano, como nueces, semillas y legumbres, en su dieta para apoyar la producción de serotonina de manera natural.

Además de la alimentación, la gestión del estrés también juega un papel importante en la salud intestinal. El estrés crónico puede afectar negativamente la composición y función de su flora intestinal y aumentar la permeabilidad de la barrera intestinal. Esto puede llevar a inflamaciones y a una comunicación alterada entre el intestino y el cerebro. Por lo tanto, encuentre estrategias para reducir el estrés, como el yoga, la meditación o el ejercicio regular al aire libre. Un sueño adecuado también es esencial para un eje intestino-cerebro saludable. La falta de sueño interfiere con el control hormonal del apetito y puede provocar antojos y aumento de peso. Por ello, preste atención a una higiene del sueño regular y cree un ambiente de descanso relajante.

La implementación de estas recomendaciones puede parecer desafiante al principio. Comience con pequeños pasos e integre los cambios gradualmente en su vida diaria. Concéntrese primero en un área, como la alimentación, y amplíe sus esfuerzos de manera progresiva. Sea paciente consigo mismo y celebre sus éxitos. Una conexión saludable entre el intestino y el cerebro es un objetivo a largo plazo que impacta positivamente en su salud física y mental. Invierta en su bienestar y descubra el potencial que reside en la fascinante interacción entre el intestino y el cerebro.

2. Nutrición para el cerebro y el intestino

¿Alguna vez se ha preguntado por qué ciertas comidas afectan su estado de ánimo y concentración? La alimentación que consumimos no solo impacta nuestro cuerpo, sino que también influye directamente en nuestro pensamiento y emociones. Estudios científicos demuestran la estrecha relación entre los hábitos alimenticios y la comunicación entre el cerebro y el intestino. Los hallazgos de la investigación moderna indican que los alimentos adecuados pueden tanto mejorar el rendimiento cognitivo como promover la salud intestinal. En este capítulo, descubrirá los sorprendentes mecanismos a través de los cuales su elección diaria de alimentos puede fortalecer de manera sostenible ambos sistemas.

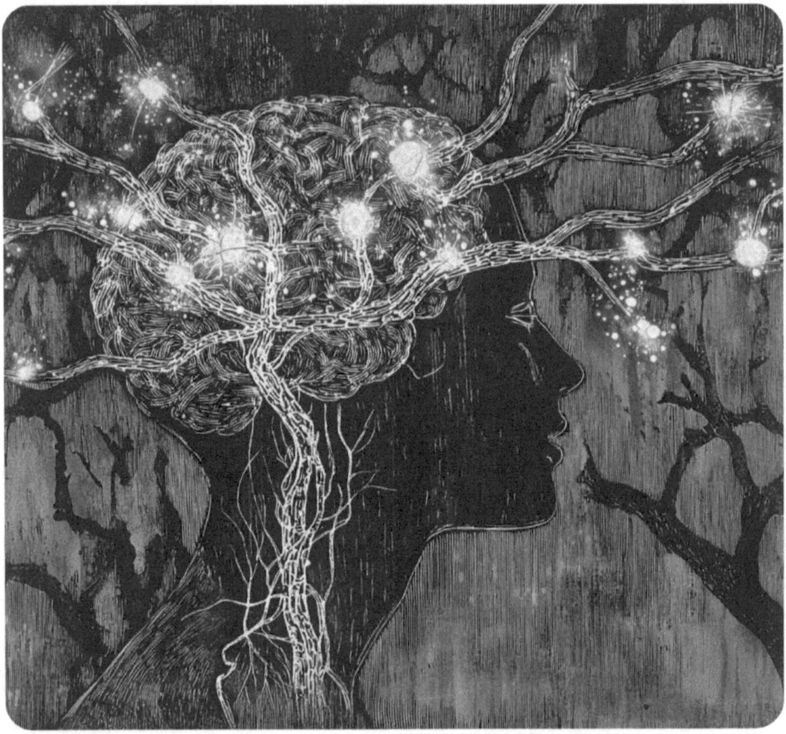

2. 1 Alimentos antiinflamatorios

Las inflamaciones juegan un papel central en la aparición de muchas enfermedades crónicas y afectan tanto la salud intestinal como la función cerebral. Los desequilibrios en el cuerpo, como el estrés oxidativo, pueden intensificar estos procesos inflamatorios y perturbar la comunicación entre el intestino y el cerebro. La alimentación ofrece una herramienta eficaz para contrarrestar estos procesos. Los fitoquímicos, los ácidos grasos omega-3 y los antioxidantes son solo algunos ejemplos de componentes alimentarios con propiedades antiinflamatorias. Influyen en la flora intestinal, refuerzan la barrera intestinal y modulan la actividad del sistema inmunológico. Descubra a continuación cómo puede reducir las inflamaciones mediante una elección alimentaria específica y promover la armonía entre el intestino y el cerebro.

Una dieta variada y rica en plantas proporciona diversos compuestos vegetales secundarios, ácidos grasos omega-3 y antioxidantes, que reducen sinérgicamente la inflamación en el intestino y el cerebro y afectan positivamente el eje intestino-cerebro.

Compuestos vegetales secundarios

Los compuestos vegetales secundarios, también llamados fitoquímicos, son sustancias bioactivas que se encuentran en las plantas y tienen diversos efectos en el organismo humano [s44]. Especialmente relevantes para el eje intestino-cerebro son sus propiedades antioxidantes y antiinflamatorias. Estas sustancias, que incluyen polifenoles y carotenoides, pueden ayudar a reducir el estrés oxidativo y, por lo tanto, mitigar los procesos inflamatorios en el cuerpo [s44]. El estrés oxidativo se produce por un desequilibrio entre los radicales libres y los antioxidantes en el cuerpo y se asocia con el desarrollo de diversas enfermedades crónicas. La acción antioxidante de los compuestos vegetales secundarios puede contrarrestar este proceso y, así, promover la salud. Los polifenoles, un gran grupo de compuestos vegetales secundarios, se encuentran en muchos alimentos de origen vegetal como frutas, verduras, té y cacao [s45]. Influyen en la composición de la microbiota intestinal al promover el crecimiento de bacterias beneficiosas [s45]. Un microbioma saludable y diverso, a su vez, produce ácidos grasos de cadena corta (AGCC) como butirato, acetato y propionato [s46] [s47]. Los AGCC sirven como fuente de energía para las células del epitelio intestinal y refuerzan la función de barrera del intestino [s45]. Esta barrera es crucial para prevenir la entrada de sustancias nocivas y patógenos en el torrente sanguíneo. Además, los AGCC tienen efectos antiinflamatorios, tanto localmente en el intestino como sistémicamente en todo el cuerpo, al modular la actividad de las células inmunitarias [s46] [s47]. Así, los polifenoles contribuyen indirectamente, a través de la microbiota intestinal y la producción de AGCC, a la salud intestinal y a la regulación de la inflamación. Una dieta rica en fibra que promueva la formación de AGCC puede tener efectos positivos sobre la actividad inflamatoria en el cerebro, en comparación con una dieta baja en fibra, como muestran estudios en ratones [s46]. Además de los polifenoles, existen otros compuestos vegetales secundarios relevantes. Los isotiocianatos, que se encuentran principalmente en las crucíferas como el brócoli, la coliflor y el repollo, tienen efectos citoprotectores y antioxidantes [s47]. Pueden regular los procesos inflamatorios y, por lo tanto, contribuir a la protección de las células. Los fitoestrógenos, presentes en la soja, las semillas de lino y las legumbres, también poseen propiedades antiinflamatorias y antioxidantes [s47]. Estas propiedades se asocian con un menor riesgo de enfermedades crónicas. Los compuestos organosulfurados, que se encuentran en cebollas y ajo, también muestran efectos prometedores en relación con la prevención de enfermedades crónicas [s44]. Al consumir una variedad de alimentos vegetales, se pueden aprovechar las diferentes propiedades beneficiosas para la salud de los diversos compuestos vegetales secundarios. Por ejemplo, una porción de brócoli no solo proporciona fibra y vitaminas, sino también isotiocianatos que pueden contribuir a la reducción de la inflamación.

Distribución de Fitonutrientes para la Salud Intestinal y Cerebral

Fuentes dietéticas de fitonutrientes antiinflamatorios.

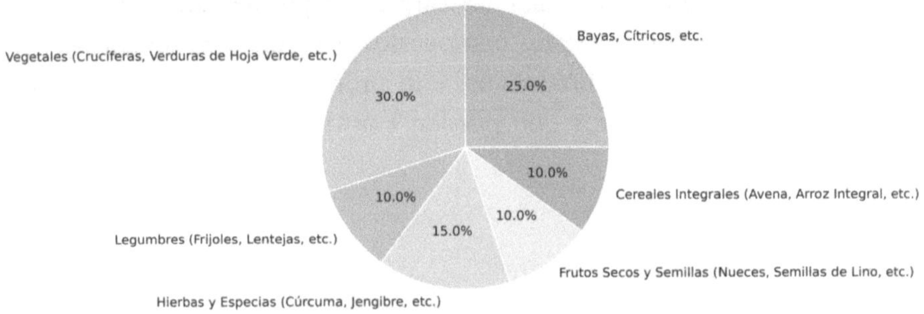

BAY: Bayas, Cítricos, etc.

CER: Cereales Integrales (Avena, Arroz Integral, etc.)

FRU: Frutos Secos y Semillas (Nueces, Semillas de Lino, etc.)

HIE: Hierbas y Especias (Cúrcuma, Jengibre, etc.)

LEG: Legumbres (Frijoles, Lentejas, etc.)

VEG: Vegetales (Crucíferas, Verduras de Hoja Verde, etc.)

Este gráfico destaca las diversas fuentes dietéticas de fitonutrientes antiinflamatorios beneficiosos para la salud intestinal y cerebral. Una ingesta equilibrada de estos grupos de alimentos puede contribuir a niveles óptimos de fitonutrientes, apoyando un microbioma intestinal saludable y potencialmente reduciendo la inflamación que puede afectar la función cognitiva.

Ácidos grasos omega

Los ácidos grasos omega, en particular los ácidos grasos omega-3 de cadena larga, el ácido eicosapentaenoico (EPA) y el ácido docosahexaenoico (DHA), influyen positivamente en la salud intestinal y, además, en el eje intestino-cerebro. Modulan la composición de la flora intestinal al promover el crecimiento de ciertas especies bacterianas. Por ejemplo, favorecen la proliferación de bifidobacterias, que son bacterias productoras de butirato [s48]. El butyrat, un ácido graso de cadena corta (SCFA), sirve como fuente de energía para las células del epitelio intestinal y refuerza la función de barrera del intestino [s48]. Una barrera intestinal intacta previene la entrada de sustancias nocivas y patógenos en el torrente sanguíneo. Además, los ácidos grasos omega-3 tienen un efecto antiinflamatorio al reducir la producción de mediadores proinflamatorios (citosinas) y promover la liberación de factores antiinflamatorios, como el interleucina-10 [s49]. Por lo tanto, una dieta rica en ácidos grasos omega-3 puede influir positivamente en el equilibrio de la flora intestinal y reducir la inflamación en el intestino, lo que a su vez tiene un efecto beneficioso en la salud general. La relación entre los ácidos grasos omega-6 y omega-3 en la dieta también es relevante. La dieta occidental a menudo se caracteriza por un exceso

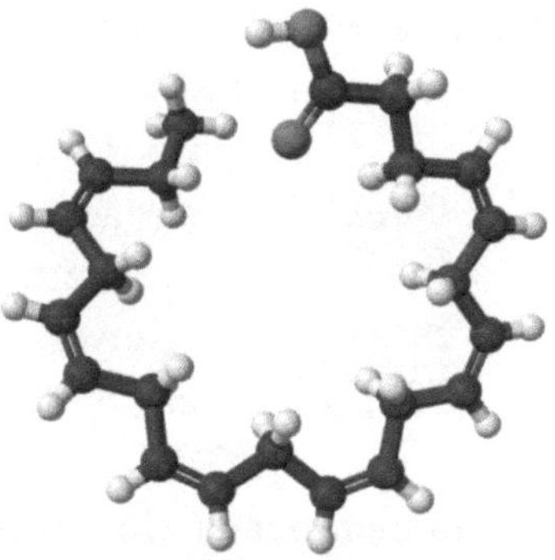

Ácido docosahexaenoico [i15]

Dieta mediterránea [i16]

de ácidos grasos omega-6, lo que puede favorecer procesos inflamatorios en el cuerpo [s50]. Aumentar intencionadamente la ingesta de omega-3, por ejemplo, mediante el consumo de pescados grasos como el salmón, la caballa o el arenque, puede ayudar a equilibrar este desajuste y reducir la inflamación [s51]. También fuentes vegetales como las semillas de lino, las semillas de chía y las nueces proporcionan ácidos grasos omega-3, aunque en forma de ácido alfa-linolénico (ALA), que el cuerpo debe convertir en EPA y DHA. Sin embargo, esta conversión a menudo es ineficiente. Una dieta rica en ácidos grasos omega-3 apoya la producción de SCFAs, que no solo promueven la salud intestinal, sino que también tienen efectos positivos en la salud cardiometabólica [s52]. Por ejemplo, la dieta mediterránea, rica en fibra y ácidos grasos omega-3, se ha asociado con niveles más altos de SCFA y una mejor salud cardiometabólica [s52]. Para beneficiarse de los efectos positivos de los ácidos grasos omega-3, puede ser útil analizar y, si es necesario, ajustar la propia dieta. Un mayor consumo de alimentos ricos en omega-3, en comparación con una dieta predominantemente rica en omega-6, puede contribuir a mejorar la salud intestinal y reducir la inflamación.

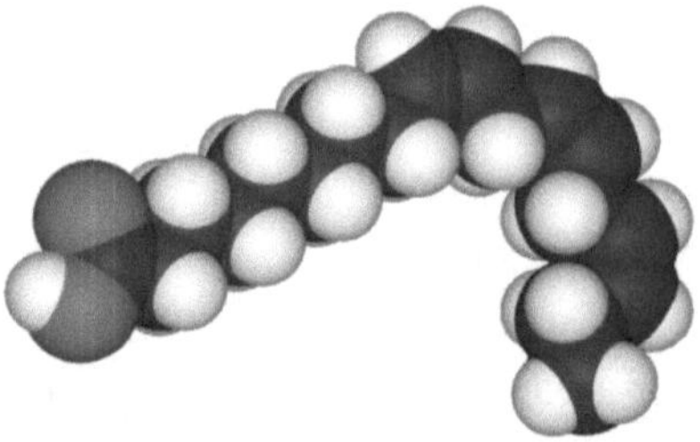

Ácido α-linolénico [i17]

Bueno saber

Ácido alfa-linolénico

Un ácido graso omega-3 que debe ser convertido por el cuerpo en EPA y DHA. Contribuye a la salud intestinal y, por lo tanto, influye indirectamente en la función cerebral.

Citosinas

Mediadores del sistema inmunológico que regulan la inflamación. Un desequilibrio puede afectar la salud intestinal y la comunicación intestino-cerebro.

Dieta mediterránea

Una forma de alimentación rica en ácidos grasos omega-3 y fibra que promueve la salud intestinal y la comunicación intestino-cerebro.

Ácido eicosapentaenoico

Un ácido graso omega-3 que reduce la inflamación en el intestino y mejora la comunicación entre el intestino y el cerebro.

Contenido de ácidos grasos Omega-3 en alimentos que apoyan el eje intestino-cerebro

Comparación de Omega-3 en varias fuentes

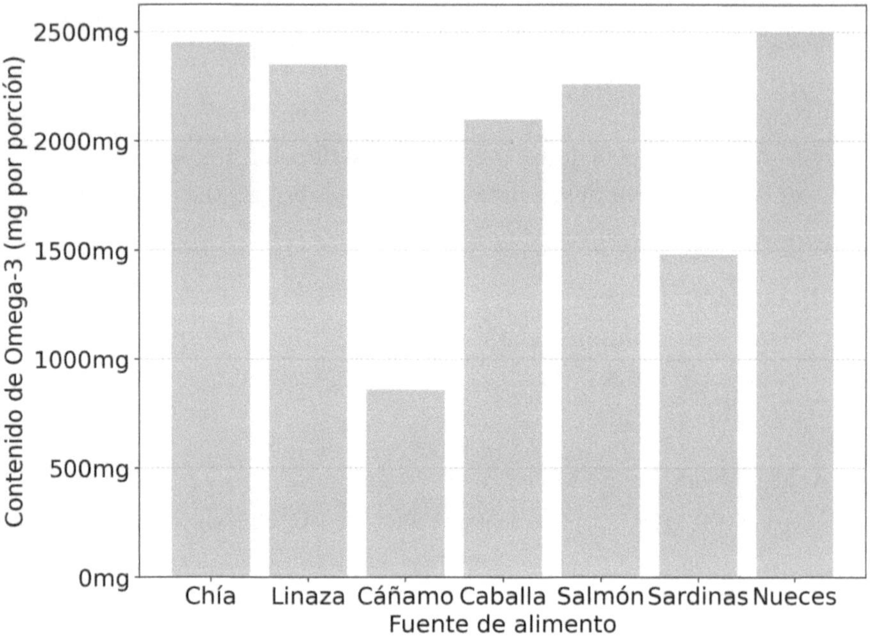

Cab: Caballa (100g)

Cáñ: Semillas de Cáñamo (1 cucharada)

Chía: Semillas de Chía (1 cucharada)

Lina: Linaza (1 cucharada)

Nue: Nueces (1/4 taza)

Sal: Salmón (100g)

Sar: Sardinas (100g)

Los pescados grasos como el salmón y la caballa son excelentes fuentes de EPA y DHA, omega-3 cruciales para la salud del cerebro. Las fuentes vegetales como la linaza y las semillas de chía ofrecen ALA, que el cuerpo convierte en EPA y DHA, aunque con menor eficiencia. Si bien las nueces también contienen ALA, sus niveles son comparativamente más bajos. La incorporación de una variedad de estos alimentos puede contribuir a una ingesta saludable de omega-3 y potencialmente apoyar el eje intestino-cerebro.

Antioxidantes

Los antioxidantes juegan un papel crucial en la lucha contra el estrés oxidativo, un estado que se produce por un exceso de radicales libres en el cuerpo y que puede causar daños celulares. Estas moléculas dañinas se generan en el marco de los procesos metabólicos normales, pero también por factores ambientales como el tabaquismo o la radiación UV. Los antioxidantes neutralizan los radicales libres y, de este modo, protegen las células de daños. En el contexto del eje intestino-cerebro, los antioxidantes son especialmente relevantes, ya que el estrés oxidativo puede promover procesos inflamatorios en el intestino y el cerebro [s53] [s54]. Los polifenoles, una clase de antioxidantes que se encuentran en muchos alimentos vegetales, no solo actúan directamente como antioxidantes, sino que también modulan la actividad de las células inmunitarias y reducen la producción de mediadores proinflamatorios [s53] [s54]. Así, pueden mitigar los efectos negativos del estrés oxidativo sobre la salud intestinal y la función cognitiva. Además de los polifenoles, el café contiene numerosos compuestos bioactivos con propiedades antioxidantes, especialmente ácidos clorogénicos [s55]. Estas sustancias pueden inhibir la activación de factores proinflamatorios y, por lo tanto, ejercer un efecto protector sobre la mucosa del tracto gastrointestinal [s55]. También ciertas especias ofrecen un amplio espectro de antioxidantes que,

Jengibre [i18]

Cúrcuma [i19]

complementando una dieta equilibrada, pueden contribuir a la reducción de la inflamación [s56]. Un plato con cúrcuma e jengibre, por ejemplo, no solo proporciona diversidad de sabores, sino también valiosos antioxidantes que apoyan los mecanismos de defensa del cuerpo.

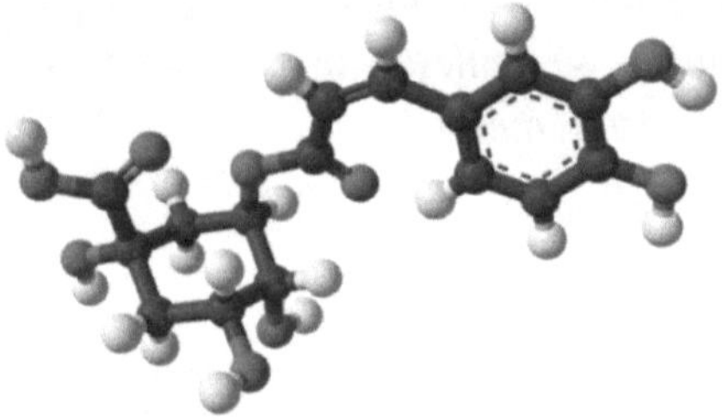

Ácido clorogénico [i20]

Bueno saber

Ácidos Clorogénicos

Los ácidos clorogénicos pueden reducir la permeabilidad intestinal (Leaky Gut) y así contribuir a minimizar la inflamación en el cuerpo y en el cerebro, lo que tiene efectos positivos en la conexión intestino-cerebro.

Cúrcuma

La cúrcuma contiene curcumina, que posee propiedades antiinflamatorias y puede influir positivamente en la flora intestinal, lo que a su vez afecta positivamente la conexión intestino-cerebro.

Estrés Oxidativo

El estrés oxidativo puede dañar la pared intestinal y aumentar la permeabilidad, lo que promueve la inflamación en el cuerpo y en el cerebro, afectando negativamente la conexión intestino-cerebro.

Jengibre

El jengibre puede promover la digestión y aliviar la inflamación en el intestino, lo que apoya la salud intestinal y la comunicación entre el intestino y el cerebro.

Radicales Libres

Los radicales libres pueden dañar las células de la pared intestinal y favorecer la inflamación, lo que puede interrumpir la comunicación entre el intestino y el cerebro. Los antioxidantes en los alimentos ayudan a neutralizar estas moléculas dañinas.

Impacto de los alimentos antioxidantes y antiinflamatorios

Impacto de los alimentos en la salud intestinal.

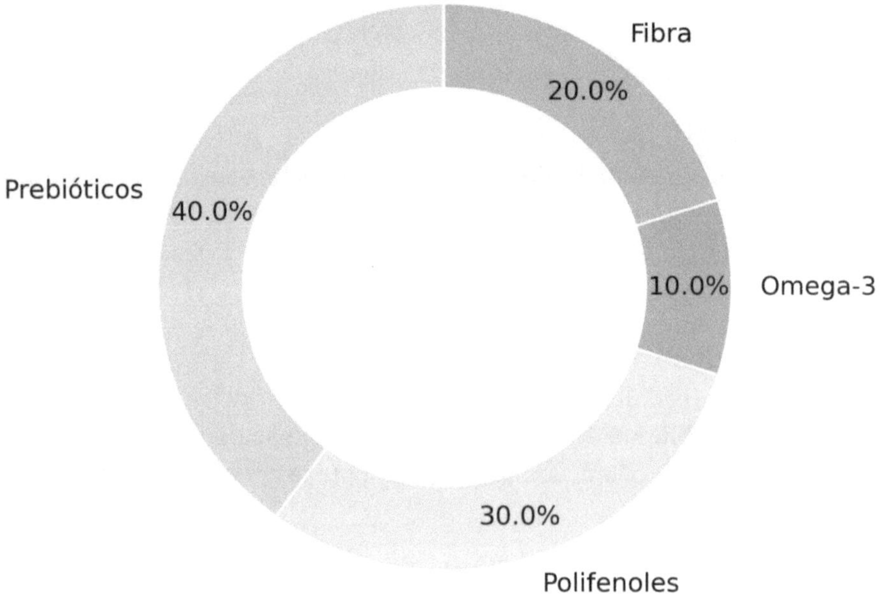

FIB: Fibra

OME: Omega-3

POL: Polifenoles

PRE: Prebióticos

Este gráfico visualiza el impacto hipotético de diferentes grupos de alimentos en la salud intestinal, centrándose en sus propiedades antioxidantes y antiinflamatorias. Los prebióticos alimentan a las bacterias beneficiosas y contribuyen significativamente a un microbioma saludable. Los polifenoles, que se encuentran en frutas y verduras de colores vivos, ejercen fuertes efectos antioxidantes, protegiendo el revestimiento intestinal. La fibra promueve las deposiciones regulares y apoya una flora intestinal diversa. Si bien los omega-3 tienen un impacto directo menor en este modelo simplificado, contribuyen a la salud en general, incluida la reducción de la inflamación. Este equilibrio sugiere que una dieta rica en estos componentes puede favorecer un ecosistema intestinal saludable.

Consejos concretos

- Cree su propio muesli antiinflamatorio: combine bayas, nueces y semillas de lino con especias como cúrcuma y canela.
- Sustituya su refrigerio habitual por un puñado de almendras y una pieza de fruta: una alternativa deliciosa y antiinflamatoria.
- Utilice con más frecuencia aceite de oliva virgen extra y aceite de linaza al cocinar para enriquecer sus platos con valiosos ácidos grasos omega-3.
- Mejore sus ensaladas con nueces picadas y un chorrito de jugo de limón, para un impulso extra de antioxidantes.
- Comience su día con un batido antiinflamatorio de verduras de hoja verde, bayas y jengibre.
- Dé a su cena un toque antiinflamatorio: ase sus verduras con romero y ajo.
- Beba diariamente una taza de té verde para beneficiarse de sus propiedades antioxidantes y antiinflamatorias.
- Incorpore regularmente pescado graso como salmón o caballa en su dieta.
- Prepárese un colorido plato de ensalada con diferentes tipos de verduras para aprovechar la variedad de fitoquímicos.
- Meriende un pequeño tazón de bayas: son ricas en antioxidantes y protegen sus células.
- Beba suficiente agua a diario para apoyar la eliminación de productos de desecho y prevenir inflamaciones.
- Descubra la variedad de legumbres: incorpore lentejas, garbanzos o frijoles en sus comidas.

2. 2 Nutrición optimizada para el cerebro

La alimentación adecuada influye de manera significativa en la compleja comunicación entre el intestino y el cerebro. Los nutrientes afectan los procesos cognitivos, la plasticidad sináptica y la producción de neurotransmisores. Por el contrario, una mala alimentación puede perturbar estos procesos y aumentar el riesgo de problemas neurológicos. Una selección específica de alimentos ofrece la oportunidad de optimizar el rendimiento mental y mejorar el bienestar. Las fibras, vitaminas, aminoácidos y antioxidantes juegan un papel crucial en este aspecto. Descubra a continuación cómo una alimentación optimizada para el cerebro puede influir positivamente en su rendimiento cognitivo y mantenerlo a largo plazo.

> *Para una salud cerebral óptima, es importante un enfoque holístico que considere tanto la alimentación como la salud intestinal, ya que la microbiota intestinal tiene un impacto significativo en las funciones cognitivas a través de la producción de ácidos grasos de cadena corta (AGCC), neurotransmisores y la influencia en el metabolismo.*

Nutrientes nerviosos

Los nutrientes nerviosos influyen en la compleja comunicación entre el intestino y el cerebro. Una dieta rica en ácidos grasos omega-3 puede promover los procesos cognitivos y la función sináptica [s57]. En contraste, altas cantidades de ácidos grasos saturados pueden afectar negativamente el procesamiento cognitivo y aumentar el riesgo de disfunciones neurológicas [s57]. Los alimentos influyen en la función neuronal y en la plasticidad sináptica, que son relevantes para la salud cerebral [s57]. Las hormonas del tracto gastrointestinal, entre ellas la leptina, la grelina y el GLP1, pueden influir en la función cognitiva [s57]. El BDNF, un factor de crecimiento para las neuronas, se regula a través de la ingesta de alimentos y es importante para la plasticidad sináptica [s57]. La combinación de dieta y ejercicio puede tener efectos sinérgicos en la plasticidad sináptica y las funciones cognitivas [s57]. Una dieta equilibrada es crucial para mantener las funciones cognitivas y prevenir deterioros cognitivos [s57]. Las fibras en la dieta pueden reducir la inflamación en el cerebro y estimular la producción de ácidos grasos de cadena corta (SCFAs) [s58]. Estos SCFAs tienen propiedades antiinflamatorias y pueden mejorar la memoria [s58]. La microbiota intestinal cambia con la edad y puede llevar a una menor diversidad, permitiendo la proliferación de bacterias asociadas a enfermedades [s58]. La combinación de bacterias productoras de SCFA con el prebiótico inulina puede aumentar la producción de SCFA, reducir la inflamación en el cerebro y posiblemente rejuvenecer el microbioma [s58]. Los cambios en el metabolismo del colesterol, relacionados con enfermedades neurodegenerativas, pueden ser influenciados por la microbiota, especialmente a través de la conversión de ácidos biliares primarios en secundarios [s58]. La microbiota intestinal influye en el sistema nervioso central a través de la producción de neurotransmitter que afectan el estado de ánimo y el comportamiento [s59]. Estos neurotransmisores sintetizados en el intestino son importantes para el desarrollo del sistema nervioso entérico y central. Niveles bajos se asocian con trastornos de la motilidad gastrointestinal y del estado de ánimo [s59]. Los nutrientes pueden influir en la función del sistema nervioso central a través de mecanismos epigenéticos y mejorar el rendimiento cognitivo [s59]. Una dieta rica en nutrientes puede prevenir deterioros cognitivos relacionados con la edad y apoyar procesos neuroplásticos en el cerebro [s59]. Las interacciones entre la microbiota y los nutrientes afectan la absorción de nutrientes y, por lo tanto, promueven la salud del sistema nervioso central y entérico [s59]. A medida que se envejece, una dieta dirigida que promueva la salud intestinal y la producción de SCFAs puede ayudar a mantener las funciones cognitivas. Así, el consumo regular de alimentos prebióticos como la achicoria, el topinambur o las cebollas puede estimular la producción de SCFA en el intestino.

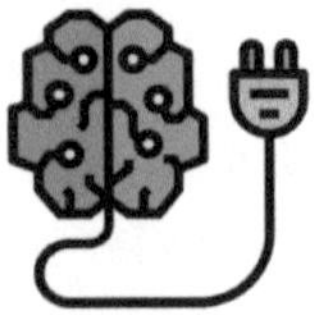

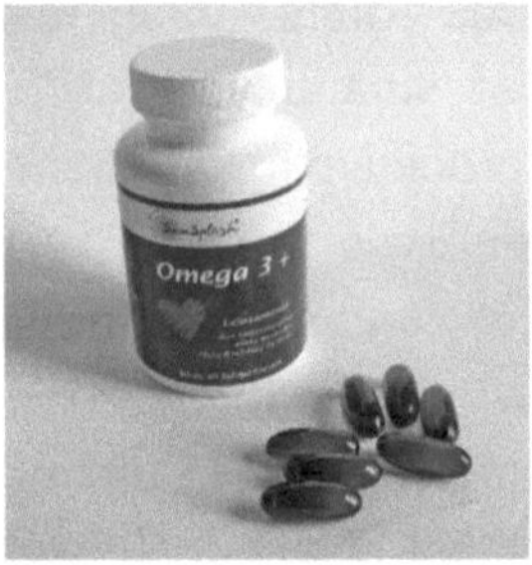

Ácidos grasos omega-3 [i21]

Necesidades de nutrientes nerviosos

Nutrientes importantes para la salud cerebral

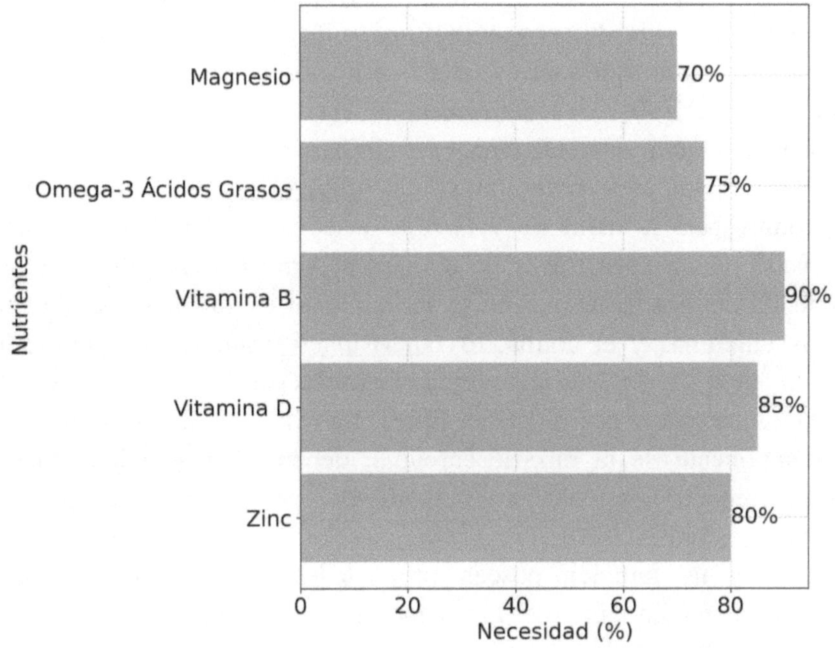

MAG: Magnesio

OM3: Omega-3 Ácidos Grasos

VITB: Vitamina B

VITD: Vitamina D

ZNK: Zinc

Los ácidos grasos omega-3 son esenciales para la función cerebral, mientras que las vitaminas B apoyan el metabolismo energético y la función nerviosa. La vitamina D juega un papel en la neuroprotección y la función cognitiva. El magnesio es importante para la plasticidad sináptica y la regulación del estrés. Finalmente, el zinc es crucial para la neurotransmisión y el rendimiento cognitivo. Un equilibrio de estos nutrientes es importante para un sistema nervioso óptimo.

Alimentos que mejoran la memoria

La salud cerebral y el rendimiento de la memoria están estrechamente relacionados con la alimentación. Los micronutrientes juegan un papel crucial en las capacidades cognitivas. Las vitaminas del grupo B, especialmente B6, B9 (ácido fólico) y B12, apoyan la función nerviosa y la formación de neurotransmittern, que son esenciales para los procesos de aprendizaje y la memoria [s60]. Una deficiencia de estas vitaminas puede llevar a deterioros cognitivos. De manera similar, el colina, un nutriente esencial involucrado en la síntesis de acetilcolina, un neurotransmisor importante para la memoria y la función cognitiva [s60]. Un consumo adecuado de colina a través de alimentos como huevos, hígado y soja puede influir positivamente en el rendimiento de la memoria. Además de las vitaminas y el colina, los antioxidantes también son relevantes para la salud cerebral. Los antioxidantes protegen las células cerebrales de daños causados por radicales libres. La vitamina E y el curcumina, un componente de la raíz de cúrcuma, tienen efectos antioxidantes y pueden reducir los deterioros cognitivos, por ejemplo, después de lesiones cerebrales [s60]. Los polifenoles, que se encuentran en frutas, verduras y té, también poseen propiedades antioxidantes y pueden mejorar el rendimiento de la memoria. Una dieta rica en bayas y verduras de hoja verde se asocia con un menor riesgo de enfermedades neurodegenerativas como el Parkinson [s61]. Las fibras, que se encuentran en productos integrales, frutas y verduras, no solo promueven la salud intestinal, sino que también influyen positivamente en las funciones cognitivas [s62]. Las fibras actúan como prebióticos, es decir, sirven como alimento para las bacterias beneficiosas en el intestino. Estas bacterias producen ácidos grasos de cadena corta (SCFAs), como butyrat, que tienen efectos antiinflamatorios y pueden atravesar la barrera hematoencefálica para ejercer efectos positivos en el cerebro [s61]. Así, una dieta rica en fibra puede ayudar a reducir la inflamación en el cerebro y mejorar el rendimiento de la memoria [s62]. Un cambio en la dieta hacia un mayor consumo de fibra puede, además de mejorar el rendimiento de la memoria, regular la actividad de la microglía, las células inmunitarias del cerebro, y mejorar su estado desregulado, que a menudo ocurre en personas mayores [s62]. Otro aminoácido que influye en las funciones cognitivas es el triptófano. El triptófano es un precursor del neurotransmisor serotonin, que juega un papel importante en la regulación del estado de ánimo, el sueño y la cognición [s63]. Una deficiencia de triptófano puede afectar el rendimiento de la memoria, mientras que un consumo adecuado puede mejorar la atención y la memoria [s63]. El triptófano se encuentra en alimentos ricos en proteínas como carne, pescado, huevos y nueces. La selección consciente de alimentos ricos en triptófano puede apoyar el estado de ánimo y las funciones cognitivas. Además, una dieta predominantemente basada en plantas, rica en fibras y polifenoles, puede tener efectos positivos en la salud mental [s61]. Un estilo de alimentación mediterráneo, que incluye muchas verduras, frutas, legumbres, nueces, pescado y aceite de oliva, se asocia con una mejor función cognitiva y un menor riesgo de enfermedades neurodegenerativas [s64]. La dieta MIND, una combinación de la dieta mediterránea y la dieta DASH (Enfoques Dietéticos para Detener la Hipertensión), está diseñada específicamente para ralentizar el deterioro cognitivo [s64]. Se centra en el consumo de verduras de hoja verde, bayas, nueces, productos integrales, pescado, aves de corral y aceite de oliva, y limita el consumo de carne roja, mantequilla, queso, dulces y comida rápida. Al integrar conscientemente estos alimentos en la dieta, se puede promover la salud cerebral a largo plazo.

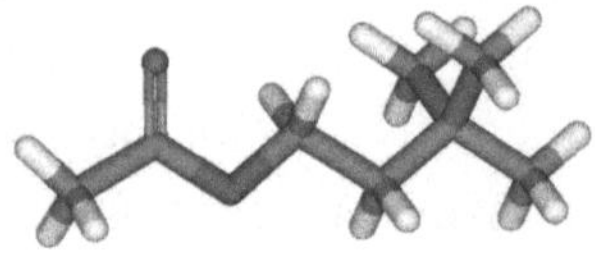

Acetilcolina [i22]

Bueno saber

Acetilcolina

La acetilcolina es un neurotransmisor involucrado en procesos de aprendizaje, memoria y control muscular. La flora intestinal puede influir en la disponibilidad de colina, un componente de la acetilcolina.

Antioxidantes

Los antioxidantes protegen las células del estrés oxidativo causado por radicales libres. Pueden preservar las células cerebrales de daños y reducir procesos inflamatorios en el cuerpo que pueden afectar la comunicación entre el cerebro y el intestino.

Micronutrientes

Los micronutrientes, como las vitaminas y minerales, son esenciales para la comunicación entre el cerebro y el intestino y afectan las funciones cognitivas, el estado de ánimo y el comportamiento.

Polifenoles

Los polifenoles son compuestos vegetales secundarios con efectos antioxidantes que se encuentran en frutas, verduras y té. Pueden influir positivamente en la flora intestinal y fortalecer la función de barrera del intestino, lo que a su vez afecta la salud cerebral.

Alimentos que estimulan el cerebro y salud intestinal

Eficacia de los alimentos que estimulan el cerebro en relación con la salud intestinal y la función cognitiva.

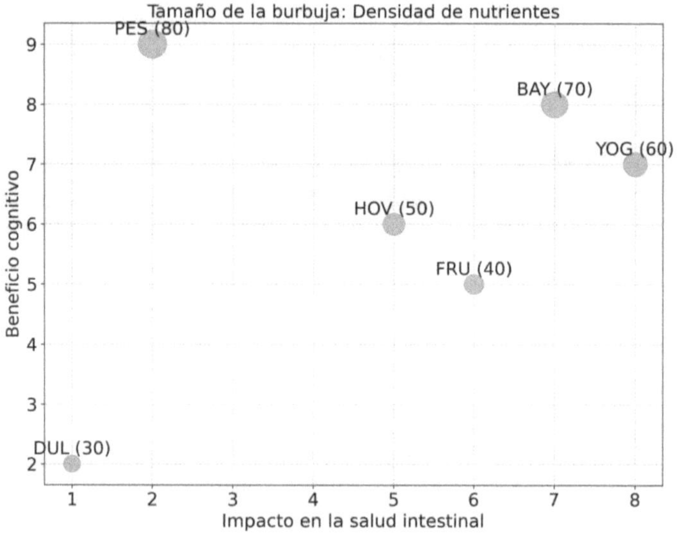

Blasengröße: Densidad de nutrientes

BAY: Bayas (Arándanos, etc.)	DUL: Bocadillos azucarados/Alimentos procesados
FRU: Frutos secos y semillas	HOV: Vegetales de hoja verde (Espinacas, Col rizada)
PES: Pescado graso (Salmón, etc.)	YOG: Yogur/Alimentos fermentados

Los alimentos ricos en prebióticos y probióticos, como el yogur y los alimentos fermentados, muestran una fuerte correlación con una función cognitiva mejorada. Si bien los pescados grasos ofrecen beneficios cognitivos significativos, tienen un menor impacto en la salud intestinal en este conjunto de datos. Las verduras de hoja verde ofrecen beneficios moderados tanto para la salud intestinal como para la del cerebro, lo que representa un enfoque equilibrado. Los bocadillos azucarados muestran una correlación negativa con ambos, lo que sugiere que pueden ser perjudiciales tanto para el intestino como para la función cognitiva.

Sustancias que mejoran la concentración

Las sustancias que fomentan la concentración actúan a través de diversos mecanismos. neurotransmitter, mensajeros químicos en el cerebro, son centrales para el procesamiento de la información. Aminoácidos como el triptófano sirven como bloques de construcción para la síntesis de serotonina, un neurotransmisor que regula el estado de ánimo, el sueño y la cognición [s65]. Una dieta rica en triptófano puede, por lo tanto, apoyar indirectamente la concentración. Además de la alimentación, el ejercicio regular y la exposición a la luz también pueden aumentar los niveles de serotonina, mejorando así el estado de ánimo y las funciones sociales [s66]. Otro aspecto importante es el nivel de azúcar en sangre. Los alimentos con un alto índice glucémico y una alta carga glucémica pueden provocar fuertes fluctuaciones en el azúcar en sangre, lo que puede afectar negativamente la concentración y el estado de ánimo, y fomentar síntomas depresivos [s67]. Por lo tanto, se recomienda una dieta equilibrada con carbohidratos complejos y alimentos ricos en fibra para mantener estable el nivel de azúcar en sangre. Un desayuno con productos integrales, frutas y nueces puede, por ejemplo, apoyar la capacidad de concentración a lo largo del día al regular el nivel de azúcar en sangre y proporcionar al cuerpo nutrientes importantes [s68]. Las hormonas producidas en el tracto gastrointestinal también juegan un papel en la capacidad de concentración. La leptina, la grelina y el GLP-1 influyen en la synaptische_plastizitaet y las funciones cognitivas [s69]. Una dieta equilibrada que regule la producción de estas hormonas puede influir positivamente en la concentración. Las vitaminas B, especialmente B6, B9 (ácido fólico) y B12, son esenciales para la producción de energía y la síntesis de neurotransmisores [s70]. Una deficiencia puede llevar a deterioros cognitivos. Aunque la investigación a menudo se centra en estas tres vitaminas, todo el grupo de vitaminas B es importante para una función cerebral óptima, ya que actúan sinérgicamente [s70]. Una

dieta rica en productos integrales, verduras de hoja verde y legumbres puede asegurar el suministro de vitaminas B.

Mejora Cognitiva y Eje Intestino-Cerebro: Duración del Efecto

Duración ilustrativa del efecto y potencia de varios nootrópicos e intervenciones de salud intestinal.

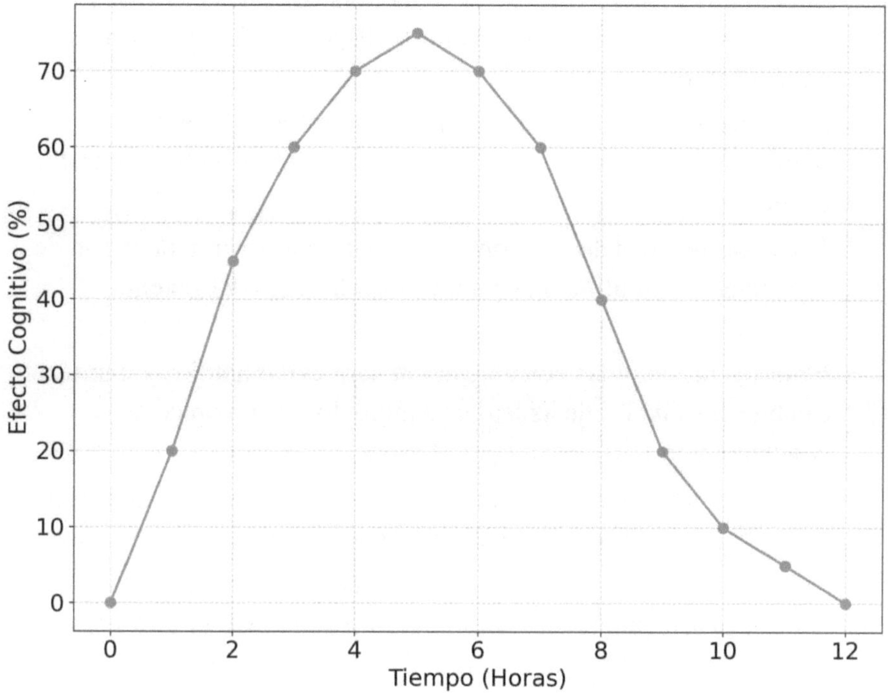

El gráfico muestra datos hipotéticos que representan la potencia relativa y la duración de diferentes intervenciones. Algunas intervenciones demuestran un inicio rápido y una duración más corta, mientras que otras exhiben un inicio más lento pero un efecto prolongado. La efectividad máxima también varía, destacando la diversidad de impacto en la función cognitiva. Esta visualización subraya la compleja interacción entre el intestino y el cerebro, enfatizando el potencial de los enfoques personalizados para la mejora cognitiva.

Consejos concretos

- Integra diariamente una porción de alimentos fermentados para apoyar la flora intestinal y optimizar la absorción de nutrientes en el cerebro.
- Experimenta con especias como la cúrcuma y el jengibre para estimular la circulación cerebral y fomentar la concentración.
- Bebe por la mañana un vaso de agua tibia con un chorrito de limón para activar la digestión y mejorar la disponibilidad de nutrientes para el cerebro.
- Combina tus comidas de manera consciente con alimentos prebióticos y probióticos para una sinergia óptima entre el intestino y el cerebro.
- Opta por métodos de cocción suaves para preservar la densidad de nutrientes de tus alimentos y minimizar la carga del sistema digestivo.
- Planifica tus comidas con antelación para evitar antojos y mantener estables los niveles de azúcar en sangre, lo que favorece la concentración.
- Utiliza pseudocereales ricos en fibra como la quinoa o el amaranto como base de tus comidas para promover la salud intestinal y la saciedad.
- Date regularmente un descanso digital para reducir el estrés y armonizar la comunicación entre el intestino y el cerebro.
- Incorpora ejercicios de atención plena en tu vida diaria para agudizar tu percepción corporal y comprender mejor las señales del intestino y el cerebro.
- Crea un ambiente relajado durante las comidas para apoyar la digestión y optimizar la absorción de nutrientes.

2. 3 Tipos de nutrición saludables para el intestino

La salud intestinal influye de manera significativa en nuestro bienestar físico y mental. Una flora intestinal desequilibrada puede llevar a problemas digestivos, un sistema inmunológico debilitado e incluso a trastornos psicológicos. Las formas de alimentación que promueven la salud intestinal juegan un papel clave para un microbioma funcional y, por ende, para nuestra salud. Los alimentos ricos en fibra, fermentados y prebióticos ofrecen diversas oportunidades para influir positivamente en la flora intestinal. Fomentan las bacterias intestinales beneficiosas y sus productos metabólicos, que a su vez apoyan nuestra salud en diferentes niveles. Descubra a continuación cómo puede optimizar su salud intestinal mediante la selección adecuada de alimentos y así alcanzar un mayor bienestar.

Para una salud intestinal óptima y efectos positivos en el cerebro y el cuerpo, es fundamental una dieta variada con alimentos ricos en fibra, productos fermentados y alimentos prebióticos, para promover una flora intestinal diversa y la producción de ácidos grasos de cadena corta.

Dieta rica en fibra

Las fibras, carbohidratos no digeribles de los alimentos vegetales, influyen significativamente en la salud intestinal a través de su efecto en la flora intestinal (Microbiota). Sirven como base alimentaria para las bacterias intestinales beneficiosas, fomentan su crecimiento y diversidad, y contribuyen así a un microbioma equilibrado [s71] [s72]. Esta modulación positiva de la flora intestinal por las fibras también afecta la producción de ácidos grasos de cadena corta (AGCC) [s73] [s74]. Los AGCC, como el butirato, acetato y propionato, se generan durante la fermentación bacteriana de las fibras en el intestino grueso y poseen diversas propiedades positivas. Sirven como fuente de energía para las células intestinales, refuerzan la barrera intestinal y tienen efectos antiinflamatorios [s73] [s72]. Las propiedades de las fibras, como la solubilidad y el grado de polimerización, influyen en el lugar de su metabolismo en el tracto intestinal y, por lo tanto, en la composición de la microbiota y los AGCC producidos [s73]. Por lo tanto, se recomienda una ingesta variada de fibras de diferentes fuentes: productos integrales, frutas, verduras, legumbres, nueces y semillas, para promover la diversidad de la flora intestinal y la producción de varios AGCC. Un plan de comidas con fuentes de fibra que cambian

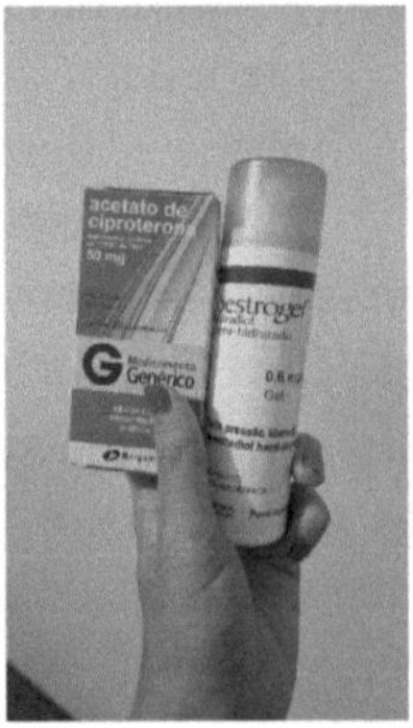

Acetato [i23]

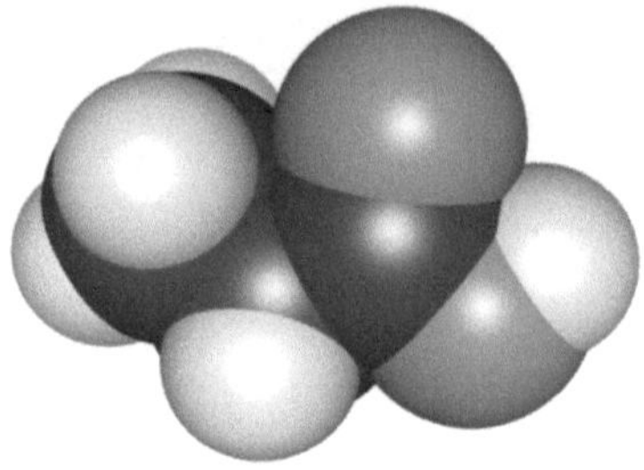

Propionato [i24]

diariamente, como pan integral en el desayuno, una manzana como

refrigerio, lentejas para el almuerzo y un puñado de nueces por la noche, puede apoyar de manera sostenible la salud intestinal. La dieta occidental, que a menudo es baja en fibra, se asocia con una menor diversidad microbiana y un mayor riesgo de enfermedades crónicas [s74]. En contraste, una dieta rica en fibra y basada en plantas, similar a la dieta mediterránea, promueve una composición saludable de la microbiota y tiene efectos positivos en la salud intestinal, así como en la salud mental [s73] [s75] [s76]. Además del efecto positivo en la digestión y el sistema inmunológico, estudios sugieren una relación entre una alta ingesta de fibra y una mejor función cognitiva, así como un menor riesgo de depresión [s71]. Los mecanismos de esta conexión entre el cerebro y el intestino aún se están investigando, pero se sospecha que los AGCC juegan un papel importante en la comunicación entre el intestino y el cerebro, al influir positivamente en la barrera hematoencefálica y reducir la inflamación [s73] [s71].

Bueno saber

Fermentación

La fermentación es el proceso mediante el cual las bacterias intestinales descomponen las fibras y producen ácidos grasos de cadena corta. Este proceso es importante para la salud intestinal y la conexión cerebro-intestino.

Grado de polimerización

El grado de polimerización de las fibras influye en cómo se metabolizan en el intestino y qué tipos de ácidos grasos de cadena corta se producen. Esto tiene un impacto en la salud intestinal y la conexión cerebro-intestino.

Microbiota

La microbiota, también conocida como flora intestinal, juega un papel crucial en la salud intestinal y afecta la conexión cerebro-intestino. Una microbiota equilibrada puede influir positivamente en el estado de ánimo, el comportamiento y las funciones cognitivas.

Contenido de fibra en alimentos comunes

Apoyando un intestino sano

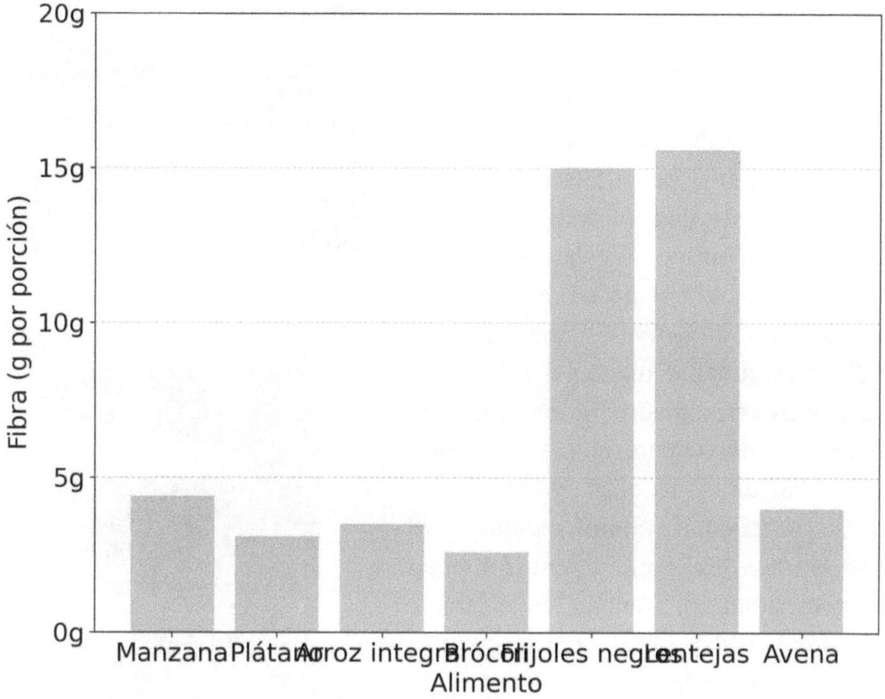

Arr: Arroz integral (cocido)

Bro: Brócoli (cocido)

Len: Lentejas (cocidas)

Pla: Plátano (mediano)

Ave: Avena (cocida)

Fri: Frijoles negros (cocidos)

Man: Manzana (mediana)

Esta gráfica destaca la variación significativa en el contenido de fibra entre los diferentes grupos de alimentos. Las legumbres y los cereales integrales son claros destacados, ofreciendo sustancialmente más fibra por porción que las frutas o verduras. Elegir opciones ricas en fibra de estas categorías puede contribuir significativamente a un microbioma intestinal saludable y potencialmente mejorar la salud del cerebro a través del eje intestino-cerebro.

Alimentos fermentados

A través de fermentation, la transformación microbiana de los alimentos, se producen productos con un perfil de sabor único y propiedades potencialmente beneficiosas para la salud. La actividad microbiana durante la fermentación no solo genera aromas y texturas características, sino también sustancias bioactivas que pueden influir en la salud intestinal [s77]. Los alimentos fermentados proporcionan al intestino microorganismos vivos, entre ellos bacterias lácticas y levaduras, que pueden complementar el microbioma existente y así fomentar la diversidad microbiana en el tracto intestinal [s78] [s77]. Estas culturas vivas pueden, de manera similar a la utilización de fibra dietética, estimular la producción de ácidos grasos de cadena corta (AGCC) [s79]. Los AGCC, como acetato, propionato y butirato, no solo sirven como fuente de energía para las células intestinales, sino que también influyen en procesos metabólicos y funciones inmunológicas. Por lo tanto, los alimentos fermentados ofrecen una forma adicional de estimular la producción de AGCC y beneficiarse de sus efectos positivos. Un consumo regular de alimentos fermentados, como chucrut, kimchi o yogur, puede contribuir de manera valiosa a una dieta saludable para el intestino [s80]. Además de los efectos sobre la flora intestinal, los alimentos fermentados también

Kéfir [i25]

Kimchi [i26]

pueden tener un impacto positivo en el metabolismo, especialmente en grupos de riesgo [s81]. Así, el consumo regular de

productos fermentados puede influir favorablemente en parámetros metabólicos, como el azúcar en sangre, lo que puede ser especialmente relevante para personas con un mayor riesgo de enfermedades metabólicas. La integración de alimentos fermentados en la dieta diaria, por ejemplo, a través de un vaso de kéfir en el desayuno o una ensalada con kimchi, puede representar una estrategia simple y sabrosa para apoyar la salud intestinal y el metabolismo.

chucrut [i27]

Bueno saber

ácidos grasos de cadena corta

Los ácidos grasos de cadena corta (AGCC), como acetato, propionato y butirato, se producen durante la fermentación de fibras en el intestino. Sirven como fuente de energía para las células intestinales, fortalecen la barrera intestinal y tienen efectos antiinflamatorios. En el contexto de la conexión intestino-cerebro, los AGCC juegan un papel importante, ya que influyen en la comunicación entre el intestino y el cerebro y pueden afectar positivamente el estado de ánimo y las funciones cognitivas.

parámetros metabólicos

Los parámetros metabólicos son medidas que proporcionan información sobre el metabolismo, como el azúcar en sangre, el colesterol o la presión arterial. En el contexto de la conexión intestino-cerebro, los parámetros metabólicos son relevantes, ya que un intestino sano y un microbioma equilibrado pueden influir positivamente en el metabolismo y reducir el riesgo de enfermedades metabólicas, que a su vez pueden afectar la función cerebral.

Alimentos Fermentados Comunes

Proporción del consumo de alimentos fermentados en relación con la salud intestinal.

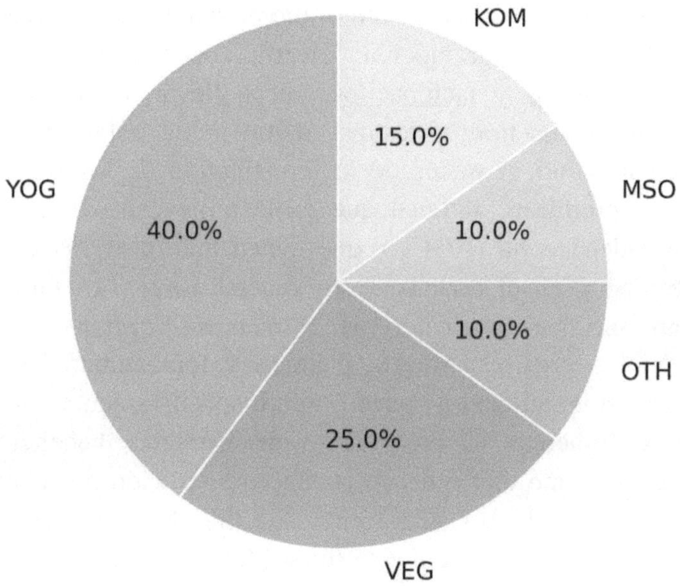

KOM: Kombucha

MSO: Miso y Tempeh

OTH: Otros (Encurtidos, Natto, etc.)

VEG: Vegetales Fermentados (Kimchi, Chucrut)

YOG: Yogur y Kéfir

Este gráfico destaca la variedad de alimentos fermentados disponibles, lo que sugiere que una ingesta equilibrada en diferentes categorías podría contribuir a un microbioma intestinal diverso. El predominio del yogur y el kéfir indica su popularidad y su posible impacto en la salud intestinal, mientras que las proporciones más pequeñas de otros alimentos sugieren oportunidades para diversificar la ingesta de alimentos fermentados para obtener beneficios más amplios.

Alimentos prebióticos

Prebióticos, componentes alimenticios no digeribles que estimulan selectivamente el crecimiento o la actividad de bacterias beneficiosas en el tracto intestinal, representan otro pilar importante de una dieta saludable para el intestino. A diferencia de los probióticos, que aportan microorganismos vivos, los prebióticos sirven como alimento para las bacterias ya presentes en el intestino, promoviendo así su crecimiento y actividad [s82]. Esta promoción selectiva de bacterias beneficiosas, como bifidobacterias y lactobacilos, puede llevar a un cambio en la composición de la flora intestinal a favor de estas bacterias que promueven la salud. A través de la fermentation de los prebióticos en el colon, se producen, al igual que en la utilización de fibras, ácidos grasos de cadena corta (AGCC), que tienen múltiples efectos positivos en el intestino y en el organismo en general [s82]. Los prebióticos se encuentran en una variedad de alimentos vegetales, incluyendo cebollas, ajo, puerro, espárragos, plátanos y topinambur. Un consumo regular de estos alimentos puede influir positivamente en la salud intestinal y fomentar el crecimiento de bacterias beneficiosas. Por ejemplo, el consumo diario de un plátano o la adición de cebollas y ajo a las comidas puede ser una forma sencilla de aumentar la ingesta prebiótica y apoyar la flora intestinal. La investigación subraya la importancia de una mikrobiota diversa para la salud, y los alimentos prebióticos contribuyen significativamente a esta diversidad [s82]. Los estudios muestran que una dieta rica en fibra, que es alta en prebióticos, puede aumentar la producción de AGCC, lo que a su vez tiene efectos positivos sobre el apetito y la sensación de saciedad [s82]. Estos hallazgos subrayan la importancia de los alimentos prebióticos para la salud intestinal y el bienestar general. La alimentación en la primera infancia también juega un papel crucial en el desarrollo de la flora intestinal, y el período de lactancia es especialmente importante para establecer una microbiota saludable [s83]. Esta programación temprana de la flora intestinal puede tener efectos a largo plazo en la salud e incluso influir en el riesgo de enfermedades posteriores, como la obesidad [s83]. La selección intencionada de alimentos prebióticos puede, por lo tanto, no solo promover la salud intestinal en la edad adulta, sino también contribuir de manera importante al desarrollo saludable de la flora intestinal en los niños. Por el contrario, una dieta baja en fibra y prebióticos puede afectar negativamente la composición de la flora intestinal y aumentar la susceptibilidad a diversos problemas de salud [s82]. La integración de alimentos prebióticos en la dieta diaria es, por lo tanto, una estrategia importante para promover una flora intestinal saludable y apoyar el bienestar general.

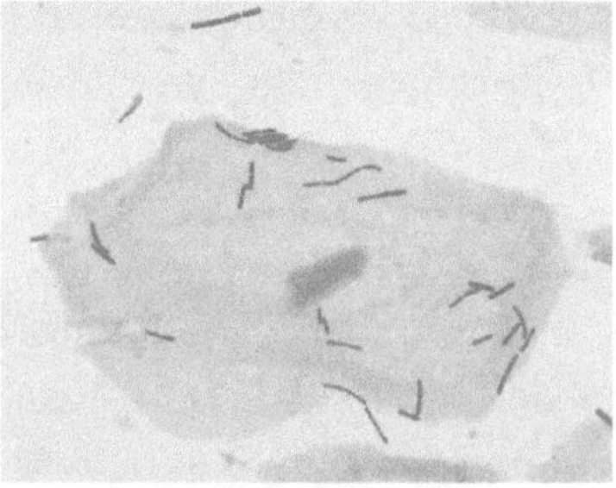

Lactobacilos [i28]

Fermentación [i29]

Bueno saber

Bifidobacterias

Las bifidobacterias son un tipo de bacterias que se encuentran en el intestino y desempeñan un papel positivo en la digestión y la comunicación entre el intestino y el cerebro.

Obesidad

La obesidad, el sobrepeso severo, puede ser favorecida por un desequilibrio en la flora intestinal que interfiere con las señales de saciedad en el cerebro.

Lactobacilos

Los lactobacilos, otro tipo de bacterias intestinales, producen sustancias que pueden influir en la transmisión de señales entre el intestino y el cerebro.

Prebióticos

Los prebióticos fomentan el crecimiento de bacterias beneficiosas en el intestino, que a su vez influyen en la producción de mensajeros que modulan la comunicación entre el intestino y el cerebro.

Categorías de Alimentos Prebióticos

Proporción de tipos de alimentos prebióticos.

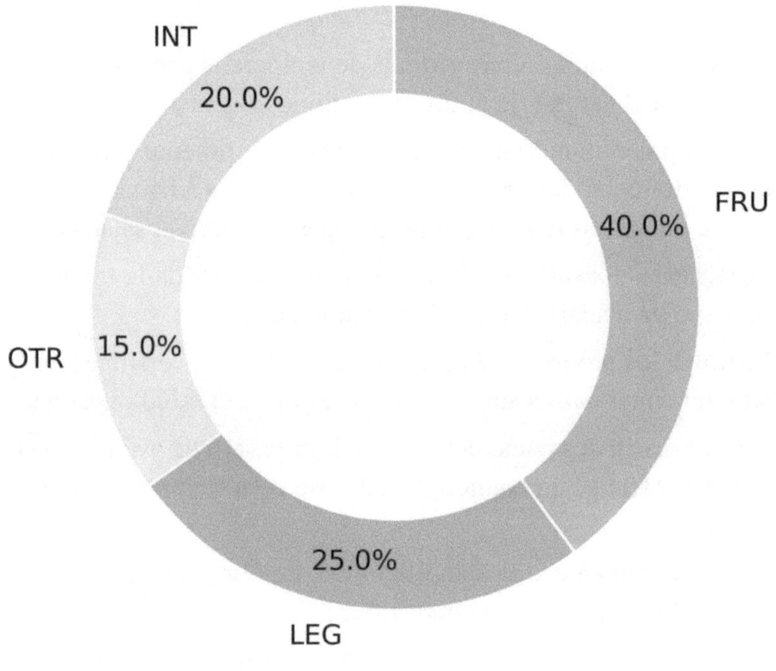

FRU: Frutas y Verduras

INT: Cereales Integrales

LEG: Legumbres

OTR: Otros (Nueces, Semillas, etc.)

Si bien todas estas categorías de alimentos contribuyen a la salud intestinal, el énfasis en las frutas y verduras subraya su importancia en una dieta rica en prebióticos. Las legumbres y los cereales integrales también juegan un papel importante, ofreciendo diversas fuentes de fibra. La menor proporción de otras fuentes destaca la necesidad de ser conscientes de incluirlas para una ingesta prebiótica completa, especialmente para las personas que buscan optimizar su microbioma intestinal.

Consejos concretos

- Refine su sentido del gusto para la variedad de alimentos fermentados: pruebe además del chucrut, el kéfir de agua, el miso o el tempeh.
- Aproveche el poder de las hierbas: beba diariamente una taza de té de manzanilla o de hinojo para calmar su flora intestinal y apoyar la digestión.
- Prepare sus comidas con verduras de temporada para beneficiarse de la diversidad natural de nutrientes y fibra.
- Redescubra el mundo de las legumbres: experimente con diferentes variedades como las lentejas beluga, los frijoles adzuki o los frijoles rojos e intégralos regularmente en sopas, guisos o ensaladas.
- Aumente su consumo de fibra gradualmente para darle tiempo a su intestino para adaptarse y evitar la hinchazón.
- Sustituya los productos de cereales refinados por versiones integrales para aumentar la ingesta de fibra y promover la salud intestinal.
- Enriquezca su desayuno con un porridge casero de avena, nueces, semillas y frutas: un comienzo poderoso para su intestino y su cerebro.
- Consuma alimentos ricos en fibra junto con una cantidad suficiente de líquido para facilitar la digestión.
- Cultive su propia pequeña "granja de bacterias": inicie un frasco de chucrut y observe el fascinante mundo de la fermentación.
- Mima su intestino con una sopa prebiótica: cocine una sopa de verduras con alcachofa de Jerusalén, cebollas, ajo y puerro.
- Disfrute de la dulzura natural de frutas como manzanas, peras o bayas para satisfacer su antojo de azúcar mientras apoya su flora intestinal.

Revisión - 2. Nutrición para el cerebro y el intestino

La salud del cerebro y del intestino está estrechamente relacionada. Una dieta equilibrada juega un papel clave, ya que influye positivamente tanto en la flora intestinal como en las funciones cognitivas. Para aprovechar al máximo esta conexión, debe seleccionar alimentos que sean ricos en fibra prebiótica, compuestos vegetales secundarios antiinflamatorios y ácidos grasos omega-3 esenciales. Estos nutrientes forman la base de un microbioma intestinal saludable, que a su vez estimula la producción de ácidos grasos de cadena corta (AGCC) como el butirato, el acetato y el propionato. Los AGCC no solo refuerzan la barrera intestinal y combaten la inflamación, sino que también influyen en la comunicación entre el intestino y el cerebro, modulando positivamente la barrera hematoencefálica y apoyando la síntesis de neurotransmisores.

Por lo tanto, integre diariamente una variedad de alimentos ricos en fibra en su dieta. Los productos integrales, las legumbres, las frutas, las verduras, los frutos secos y las semillas no solo proporcionan valiosas fibras, sino también una amplia gama de compuestos vegetales secundarios con propiedades antioxidantes y antiinflamatorias. Preste especial atención a la selección de diferentes tipos de frutas y verduras para beneficiarse de los diversos fitonutrientes. El brócoli, los frutos rojos, la cúrcuma y el jengibre son solo algunos ejemplos de alimentos con un alto contenido de sustancias bioactivas que pueden apoyar la salud de su intestino y cerebro. Complementa su dieta con ácidos grasos omega-3, que se encuentran en pescados grasos como el salmón y la caballa, así como en fuentes vegetales como las semillas de lino y las semillas de chía. Tenga en cuenta la relación entre los ácidos grasos omega-6 y omega-3 y trate de alcanzar un equilibrio adecuado.

Para fomentar aún más la diversidad de su microbioma intestinal, debe incorporar regularmente alimentos fermentados en su dieta. El yogur, el kéfir, el chucrut y el kimchi proporcionan microorganismos vivos que enriquecen su flora intestinal y estimulan adicionalmente la producción de AGCC. Al seleccionar productos fermentados, preste atención a la calidad y al contenido de sodio. Comience con pequeñas cantidades y aumente gradualmente el tamaño de las porciones para darle a su intestino tiempo para adaptarse. Si experimenta molestias digestivas, consulte a su médico o nutricionista antes de incorporar grandes cantidades de fibra o alimentos fermentados en su dieta.

Implementar una dieta saludable para el intestino y el cerebro requiere tiempo y paciencia. Comience con pequeños cambios y concéntrese en integrar nuevos alimentos en su dieta habitual. Experimente con diferentes recetas y descubra qué alimentos amigables con el intestino le gustan más. Preste atención a las señales de su cuerpo y ajuste su dieta según sea necesario. Con una alimentación consciente y equilibrada, puede promover de manera sostenible la salud de su intestino y cerebro, mejorando así su bienestar general. Invierta en su salud: ¡su intestino y su cerebro se lo agradecerán!

3. Saneamiento intestinal y cuidado del microbioma

¿Sabía que en nuestro intestino viven más microorganismos que células tiene nuestro cuerpo? Este diminuto mundo no solo influye en nuestra digestión, sino también en nuestro bienestar y salud mental. El estilo de vida moderno, con estrés, productos procesados y tratamientos frecuentes con antibióticos, pone cada vez más a prueba este delicado equilibrio. Construir una flora intestinal saludable es como cuidar de un ecosistema complejo que requiere paciencia y comprensión. En este capítulo descubrirá cómo puede restablecer el equilibrio de su ecosistema intestinal personal.

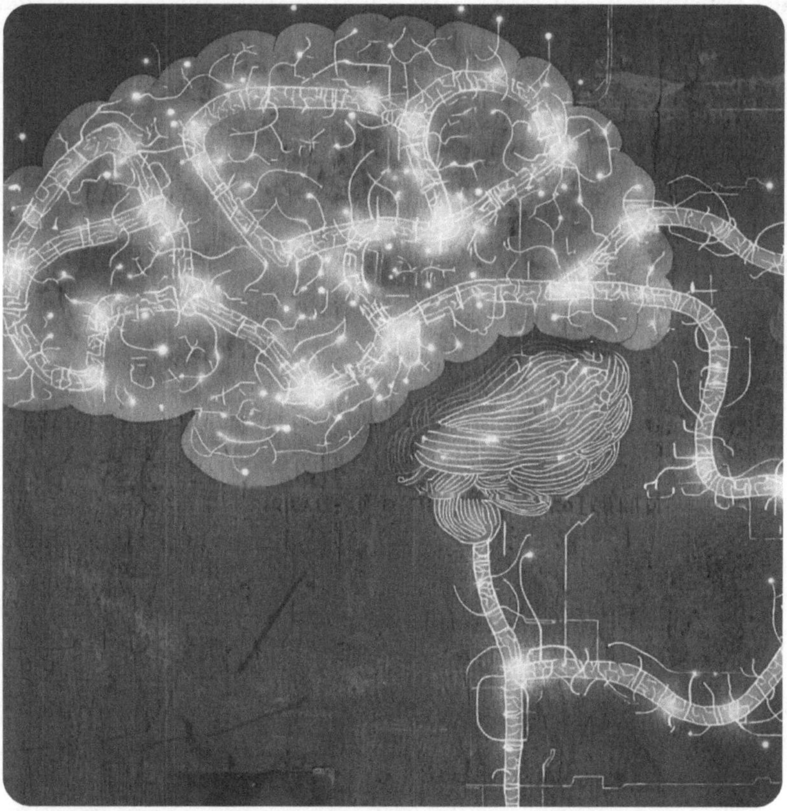

3. 1 Construcción de la salud intestinal

La salud de nuestro intestino influye en mucho más que solo la digestión. Juega un papel crucial en nuestro sistema inmunológico, nuestro estado de ánimo e incluso nuestras capacidades cognitivas. El suministro de nutrientes a las células intestinales, la regeneración de la mucosa y el equilibrio bacteriano: estos tres pilares de una flora intestinal intacta están estrechamente interconectados y determinan nuestro bienestar. Sin embargo, diversos factores pueden alterar este delicado equilibrio y tener consecuencias de gran alcance. Siga leyendo y descubra cómo puede construir y fortalecer la salud de su intestino de manera específica.

Una flora intestinal saludable no solo es el resultado, sino también la base para el bienestar físico y mental, y influye tanto en el suministro de nutrientes a las células intestinales como en la regeneración de la mucosa.

Suministro de nutrientes a las células intestinales

El suministro de nutrientes a las células intestinales es un proceso complejo que está estrechamente relacionado con la composición y función de la microbiota intestinal [s84] [s85]. Las bacterias residentes desempeñan diversas funciones metabólicas que el ser humano no puede realizar o solo de manera limitada. Por ejemplo, las bacterias intestinales producen una serie de vitaminas, sintetizan aminoácidos esenciales y no esenciales, y llevan a cabo la biotransformación de ácidos biliares [s85]. Un aspecto importante del suministro de nutrientes es la metabolización de carbohidratos no digeribles por la microbiota. Estos carbohidratos, comparables a las fibras en nuestra dieta, sirven como fuente de energía para las bacterias y al mismo tiempo proporcionan nutrientes para su crecimiento y reproducción. De este modo, se generan ácidos grasos de cadena corta (SCFAs), que no solo alimentan a las propias bacterias, sino también a las células de la pared intestinal [s84] [s85]. El butirato, uno de estos SCFAs, sirve como fuente principal de energía para las células de la mucosa intestinal (colonocitos) y promueve su proliferación [s86]. La microbiota también proporciona al huésped vitaminas que no puede producir, como la vitamina B12 y el ácido fólico [s86]. La selección de alimentos influye directamente en este proceso: una dieta rica en los llamados "carbohidratos accesibles a la microbiota" (MACs) promueve el crecimiento y la actividad de bacterias beneficiosas, optimizando así el suministro de nutrientes a las células intestinales [s86]. Los melanoidinas presentes en el café, que se forman durante el proceso de tostado, poseen propiedades antioxidantes, antimicrobianas y antiinflamatorias, contribuyendo indirectamente a la salud intestinal al crear un ambiente favorable para la microbiota [s87]. El efecto positivo del café sobre la darmmotilitaet también puede favorecer la absorción de nutrientes [s87]. Para apoyar el suministro de nutrientes a las células intestinales, se recomienda una dieta rica en fibra. Los productos integrales, frutas, verduras y legumbres proporcionan MACs y fomentan así la formación de SCFAs y otros metaboliten beneficiosos por parte de las bacterias intestinales.

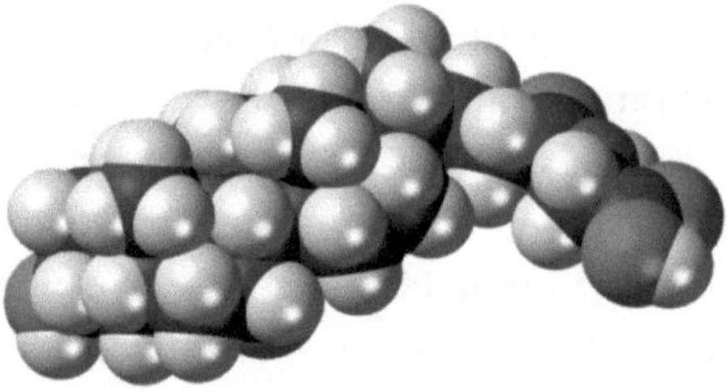

ácido biliar [i30]

Bueno saber

Metabolización
La conversión de sustancias en el cuerpo, catalizada por enzimas. La metabolización de nutrientes por la microbiota intestinal influye en la señalización hacia el cerebro.

Microbiota intestinal
La totalidad de microorganismos que habitan en el intestino juega un papel crucial en el suministro de nutrientes a las células intestinales y afecta la comunicación entre el intestino y el cerebro.

Necesidades nutricionales de las células intestinales

Nutrientes importantes para unas células intestinales sanas

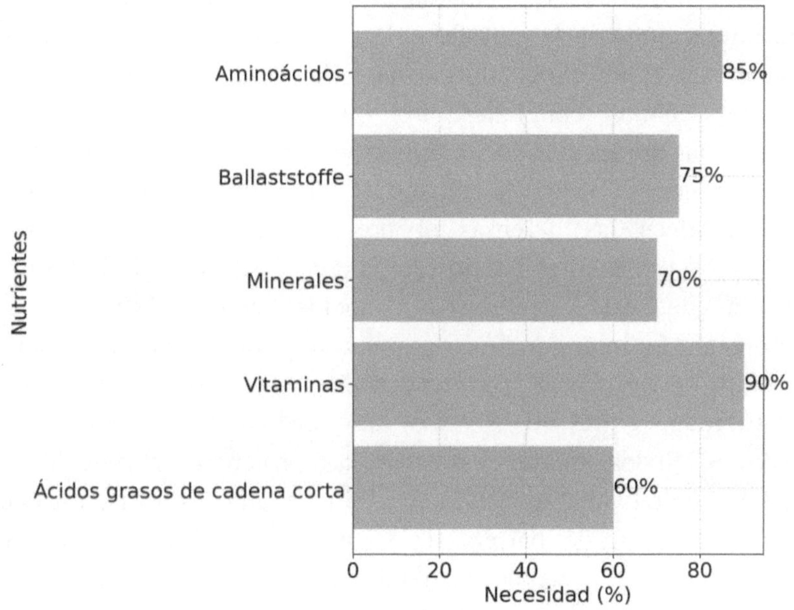

AGC: Ácidos grasos de cadena corta

AMI: Aminoácidos

BAL: Ballaststoffe

MIN: Minerales (Zn, Mg)

VIT: Vitaminas (D, B, etc.)

El diagrama de barras visualiza las necesidades de varios nutrientes para la salud intestinal. Un suministro adecuado de fibra es esencial, al igual que la ingesta de ácidos grasos de cadena corta. Las vitaminas y los minerales también juegan un papel importante, destacando especialmente la vitamina D y el zinc. Los aminoácidos son importantes para la construcción y el mantenimiento celular. Los datos subrayan la importancia de una dieta equilibrada para una salud intestinal óptima y, por tanto, también para la conexión intestino-cerebro.

Regeneración de la mucosa

La mucosa intestinal, el revestimiento interno del intestino, se renueva constantemente y es, por lo tanto, un tejido dinámico que es relevante para la salud de todo el organismo [s88]. Esta regeneración se ve influenciada en gran medida por la interacción con la darmflora, la totalidad de los microorganismos que viven en el intestino [s89]. Una mikrobiota equilibrada y diversa apoya las células epiteliales, los componentes de la mucosa, y promueve la producción de antimikrobiellen_peptiden que defienden contra patógenos [s89]. Al mismo tiempo, una barrera de mucosa intacta fortalece las defensas al prevenir la entrada de sustancias nocivas y bacterias en el interior del cuerpo [s88]. Por el contrario, una alteración de este equilibrio, conocida como disbiosis, puede comprometer la integridad de la mucosa y favorecer la inflamación [s88]. Una disbiosis se produce, entre otras cosas, por una dieta desequilibrada, estrés o el uso de medicamentos, especialmente antibióticos. Si las uniones estrechas, las proteínas de conexión entre las células epiteliales, se debilitan debido a una disbiosis, esto puede afectar la función de barrera de la mucosa y llevar a una mayor permeabilidad [s90]. Como resultado, las bacterias y sus productos metabólicos pueden ingresar más fácilmente al torrente sanguíneo y provocar inflamaciones sistémicas [s90]. Para promover la regeneración de la mucosa y fortalecer la barrera intestinal, se recomienda una dieta rica en fibras prebióticas. El inulina, que se encuentra, por ejemplo, en la alcachofa de Jerusalén o en la achicoria, sirve como alimento para las bacterias intestinales beneficiosas y, por lo tanto, apoya indirectamente la salud de la mucosa. El ejercicio regular también puede tener un efecto positivo en la composición y diversidad de la flora intestinal, apoyando así la regeneración de la mucosa intestinal [s88].

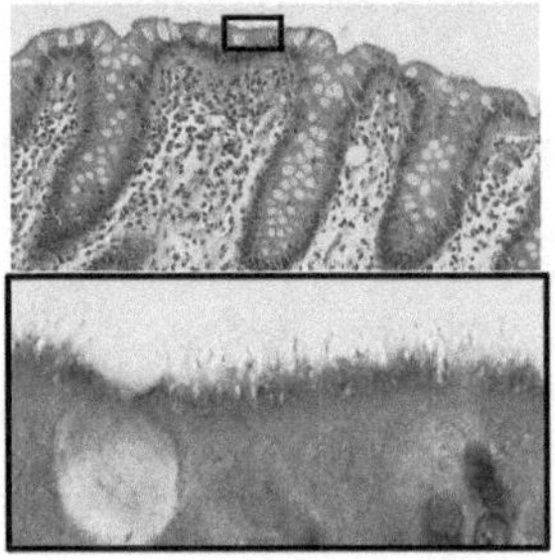

mucosa intestinal [i31]

Bueno saber

Inflamaciones sistémicas

Las inflamaciones sistémicas, que pueden surgir de una barrera intestinal comprometida, afectan a todo el cuerpo, incluido el cerebro. Pueden contribuir a enfermedades neurológicas y problemas psicológicos.

Inulina

La inulina es una fibra prebiótica que promueve el crecimiento de bacterias beneficiosas en el intestino. Una flora intestinal saludable apoya la barrera intestinal y puede influir positivamente en la transmisión de señales al cerebro.

Progreso de la Regeneración Mucosal

Ilustra la regeneración hipotética del revestimiento mucosal a lo largo del tiempo.

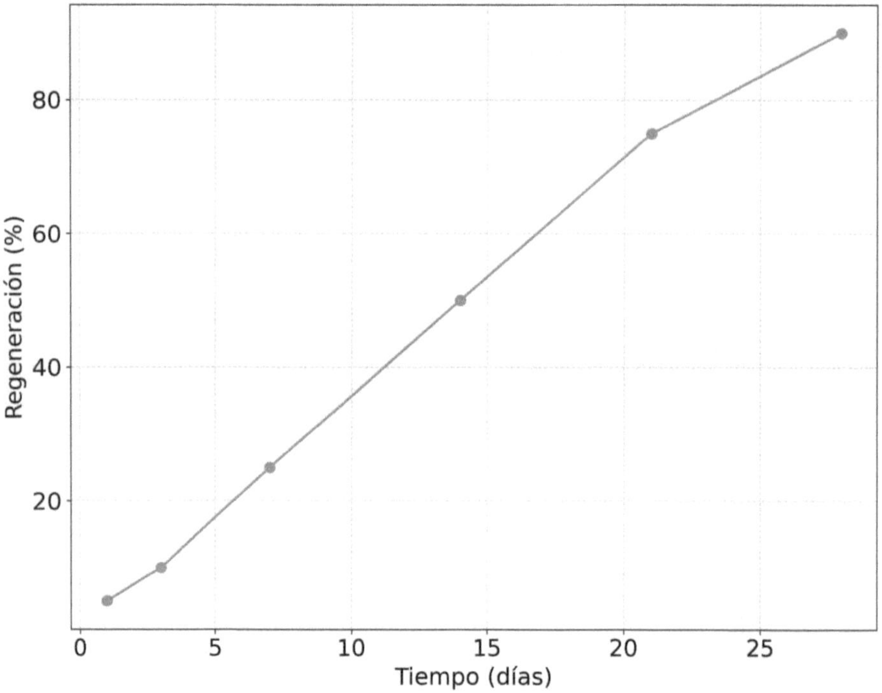

Esta gráfica muestra una tendencia positiva en la regeneración de la mucosa intestinal. La fase inicial muestra una recuperación más lenta, lo que probablemente representa la fase inflamatoria. El aumento posterior de los valores indica una curación acelerada y una mejor función de la barrera intestinal, lo que podría tener un impacto positivo en la conexión cerebro-intestino.

Equilibrio bacteriano

La interacción de los microorganismos en el intestino, el llamado equilibrio bacteriano, influye en nuestro bienestar y salud. Una dysbiose, una alteración de este equilibrio, puede tener diversas consecuencias negativas [s91]. Así, una composición desequilibrada de las bacterias intestinales puede afectar el metabolismo, la respuesta al estrés e incluso el estado de ánimo [s91]. También el comportamiento alimentario puede ser modulado por la flora intestinal, ya que las bacterias producen moléculas que interactúan con hormonas que regulan el apetito [s91]. Una dieta rica en ácidos grasos saturados y alimentos procesados – la llamada dieta occidental – promueve un equilibrio bacteriano desfavorable [s91]. Entre otras cosas, esto puede llevar a una disminución de la diversidad de las bacterias intestinales, lo que permite que las bacterias potencialmente patógenas se propaguen más fácilmente [s92]. Por otro lado, las cargas psicológicas como el estrés y la depresión pueden alterar la composición de la flora intestinal y favorecer así una disbiosis [s91]. Los probióticos, es decir, microorganismos vivos con propiedades beneficiosas para la salud, pueden ayudar a mitigar los efectos negativos del estrés y la depresión sobre la darmmikrobiota y aumentar la diversidad microbiana [s92] [s91]. Por lo tanto, una relación equilibrada de las bacterias intestinales no solo es consecuencia, sino también requisito para el bienestar físico y mental. Un cambio en la dieta – alejándose de los alimentos altamente procesados hacia una alimentación integral y rica en fibra – apoya el desarrollo de una flora intestinal diversa. Las fibras sirven como alimento para las bacterias beneficiosas y fomentan así su crecimiento.

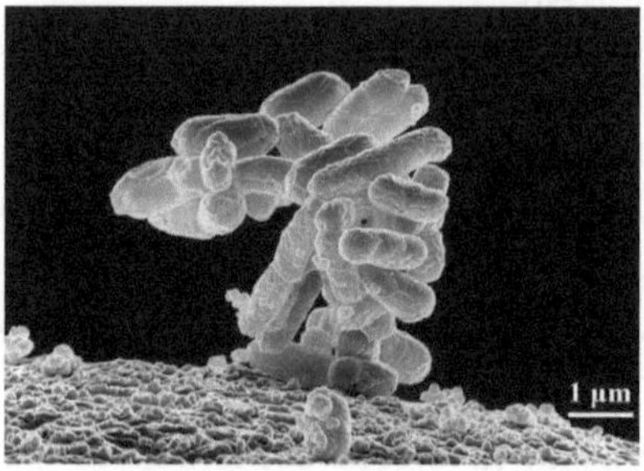

Microorganismos [i32]

Bueno saber

Equilibrio bacteriano

El equilibrio bacteriano en el intestino es crucial para la salud del sistema digestivo y afecta la transmisión de señales al cerebro. Un desequilibrio puede llevar a inflamaciones y otros problemas que impactan la función cerebral.

Fibras

Las fibras son componentes alimentarios no digeribles que sirven como alimento para las bacterias beneficiosas en el intestino y, por lo tanto, promueven la salud intestinal y el equilibrio bacteriano. Contribuyen al funcionamiento saludable del eje cerebro-intestino.

Microorganismos

Los microorganismos, especialmente las bacterias, en el intestino juegan un papel crucial para la salud intestinal y la conexión cerebro-intestino. Producen neurotransmisores y otras moléculas de señalización que pueden influir en el cerebro.

Probióticos

Los probióticos son microorganismos vivos que, cuando se consumen en cantidades adecuadas, pueden beneficiar la salud intestinal al restaurar el equilibrio de la microbiota intestinal y mejorar la comunicación entre el intestino y el cerebro.

Consejos concretos

- Conecte la ingesta diaria de líquidos con el cuidado de su intestino bebiendo agua de jengibre con un chorrito de limón.
- Desarrolle un ritual en el que se concentre conscientemente en los alimentos que vendrán y su efecto positivo en su intestino antes de cada comida.
- Aproveche los efectos sinérgicos de los alimentos: combine, por ejemplo, semillas de lino con yogur o alcachofas de Jerusalén con patatas.
- Mima su intestino con caldo de huesos casero, rico en gelatina, que fortalece la mucosa.
- Amplíe su repertorio culinario con verduras que aún no conoce, como el chirivía o la raíz de apio.
- Integre cáscaras de psyllium en su dieta, por ejemplo, mezclándolas en batidos o yogur.
- Experimente con diferentes métodos de preparación de verduras: al vapor, salteadas o escaldadas, para conservar al máximo los nutrientes.
- De vez en cuando, disfrute de una pequeña porción de chocolate negro con alto contenido de cacao, que puede tener efectos positivos en la flora intestinal.
- Prepare su propio caldo de verduras y congélelo en porciones para tener siempre a mano una base amigable para el intestino para sopas y salsas.
- Apueste por la diversidad de la naturaleza: recoja hierbas silvestres comestibles como ortiga o diente de león e intégralas en su dieta.
- Déjese inspirar por la cocina ayurvédica e incorpore especias como comino, cilantro y cúrcuma en sus platos.
- Prepárese una bebida refrescante de kéfir de agua con frutas frescas y hierbas.

3. 2 Apoyo probiótico

Un microbioma intestinal saludable es esencial para el bienestar y afecta de manera duradera la conexión intestino-cerebro. El apoyo probiótico puede contribuir a regular y fortalecer este complejo ecosistema. Sin embargo, la selección, dosificación y combinación de las diferentes cepas bacterianas y prebióticos son decisivas para el éxito. Este capítulo ilumina los diversos mecanismos de acción de los probióticos en el tracto digestivo y le proporciona el conocimiento necesario para un cuidado específico del microbioma.

Una combinación de alimentos probióticos y suplementación específica con probióticos suele ser útil para apoyar de manera óptima la salud intestinal.

Recomendaciones de ingesta

La ingesta de probióticos para apoyar la conexión intestino-cerebro requiere una consideración diferenciada de varios factores. Los estudios muestran que la dosificación y la duración de la ingesta pueden variar según el área de aplicación y las cepas bacterianas específicas [s93]. En estudios sobre la mejora cognitiva, se han investigado duraciones de ingesta de cuatro a doce semanas. El tipo de apoyo probiótico, ya sea a través de suplementos dietéticos o alimentos probióticos, también influye en la ingesta. En los suplementos dietéticos, la dosificación generalmente se indica en Unidades Formadoras de Colonias (UFC). Las recomendaciones de ingesta deben tener en cuenta la indicación de UFC, ya que esta puede variar significativamente según el producto. Los alimentos probióticos, por otro lado, contienen cultivos bacterianos vivos en cantidades variables, lo que dificulta una dosificación precisa. Por lo tanto, una combinación de alimentos probióticos y suplementación específica suele ser sensata. La ingesta de probióticos también puede tener efectos positivos en el comportamiento alimentario y el estado de ánimo. Los estudios muestran que una suplementación con ciertos probióticos puede aumentar la sensación de saciedad y reducir los antojos [s94]. Al mismo tiempo, puede aliviar los síntomas de depresión, lo que puede ser especialmente relevante para las mujeres. Además de la ingesta directa de probióticos, los praebiotika, que fomentan el crecimiento de bacterias beneficiosas en el intestino, pueden tener un efecto de apoyo [s95]. Los prebióticos se encuentran en alimentos como cebollas, ajo y plátanos. Para un efecto óptimo, los probióticos deben tomarse idealmente en un momento del día en que la producción de ácido gástrico sea menor, por ejemplo, por la mañana antes del desayuno o por la noche antes de acostarse. [s96]

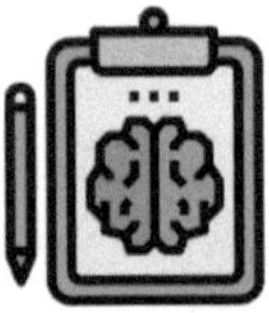

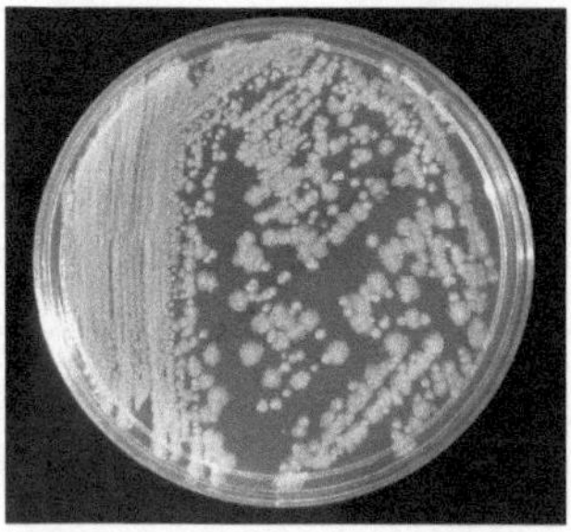

cultivo bacteriano [i33]

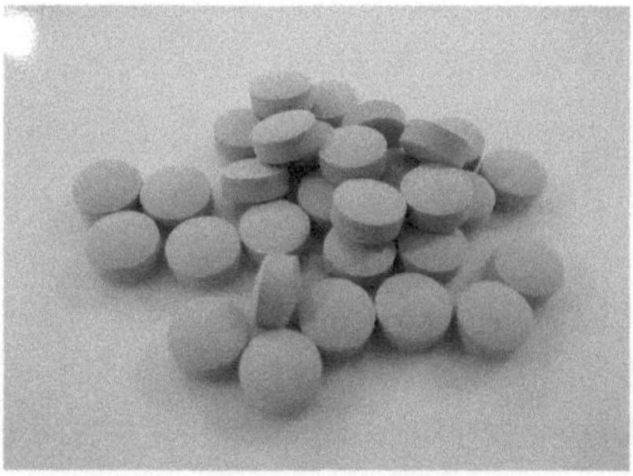

Suplementos alimenticios [i34]

Bueno saber

Antojos

Un deseo repentino y fuerte de ciertos alimentos, a menudo de dulces o comidas ricas en grasas. La conexión intestino-cerebro sugiere que la flora intestinal puede influir en la aparición de antojos.

Saciedad

La sensación de plenitud después de comer, que inhibe el deseo de seguir comiendo. La conexión intestino-cerebro juega un papel en la regulación de la sensación de saciedad y los probióticos podrían influir en esto.

Depresión

Una enfermedad mental caracterizada por una tristeza persistente, falta de energía y pérdida de interés o placer. La conexión intestino-cerebro sugiere una posible influencia de la flora intestinal en la aparición y el curso de la depresión. Los probióticos podrían tener un efecto positivo aquí.

Suplementación

La ingesta adicional de nutrientes u otras sustancias, generalmente en forma de suplementos dietéticos, para compensar una deficiencia o promover la salud. En el contexto de la conexión intestino-cerebro, la suplementación con probióticos puede apoyar la flora intestinal.

Comparación de cepas probióticas: potencial de beneficio cognitivo

Beneficios cognitivos potenciales relativos basados en la investigación específica de la cepa.

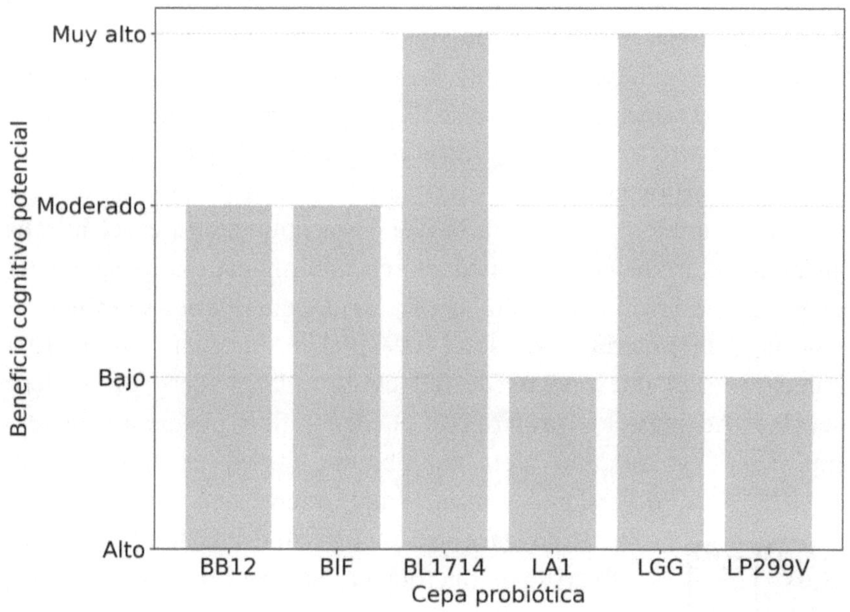

BB12: B. lactis BB-12
BIF: B. infantis
BL1714: B. longum 1714
LA1: L. acidophilus LA-1
LGG: L. rhamnosus GG
LP299V: L. plantarum 299v

Si bien todas las cepas enumeradas son prometedoras para apoyar el eje intestino-cerebro, algunas parecen tener un mayor potencial de beneficios cognitivos según las investigaciones existentes. Cepas como *L. rhamnosus GG* y *B. longum 1714* demuestran evidencia más sólida para mejorar aspectos como el estado de ánimo, la memoria y la respuesta al estrés. La elección de una cepa con un sólido respaldo científico es crucial para maximizar los beneficios potenciales.

Modo de acción en el tracto digestivo

Los probióticos ejercen su efecto en el tracto digestivo de diversas maneras. Contribuyen a restaurar un microbioma equilibrado al prevenir la colonización por bacterias no deseadas. [s97] Así, algunos probióticos producen bacteriocinas, sustancias que inhiben el crecimiento de bacterias dañinas. Además, los probióticos refuerzan la barrera intestinal. Promueven la adhesión celular, la unión de las células entre sí y estimulan la producción de mucinas, que protegen la mucosa intestinal. [s97] Una barrera intestinal intacta es esencial para minimizar la entrada de patógenos y toxinas en el torrente sanguíneo. Los probióticos también influyen en la respuesta inmunitaria en el intestino. Fomentan la producción de mediadores antiinflamatorios (citosinas) y apoyan el desarrollo de células T reguladoras, que suprimen una respuesta inmunitaria excesiva. [s97] Un sistema inmunológico fortalecido en el intestino puede reducir la inflamación y las molestias asociadas. Además, los probióticos pueden influir positivamente en la composición y función del microbioma. [s98] Al promover la diversidad y estabilidad microbiana en el intestino, contribuyen a una mejor salud intestinal. Una mayor diversidad microbiana se asocia con una mejor resistencia a las perturbaciones. [s98] Así, los probióticos pueden fortalecer la barrera intestinal y regular la inflamación. Estos efectos son especialmente relevantes en enfermedades como el síndrome del intestino irritable, donde a menudo hay una barrera intestinal comprometida y un desequilibrio del microbioma (disbiosis). [s99] [s100] Una selección específica de cepas de probióticos que fortalezcan la barrera intestinal y modulen la respuesta inmunitaria puede, por lo tanto, contribuir a la mejora de los síntomas. Por ejemplo, la ingesta de probióticos multicepa, es decir, una combinación de diferentes cepas bacterianas, puede fortalecer la barrera intestinal después de infecciones o

inflamaciones y suprimir la activación de mastocitos, que están involucrados en reacciones alérgicas. [s99]

Bueno saber

Bacteriocinas

Las bacteriocinas, producidas por algunos probióticos, pueden inhibir el crecimiento de bacterias patógenas en el intestino y así influir positivamente en la composición del microbioma y la salud intestinal. Esto puede tener efectos indirectos en la función cerebral, ya que un microbioma intestinal saludable modula la señalización al cerebro.

Mastocitos

Los mastocitos desempeñan un papel en las reacciones alérgicas y la inflamación en el intestino. Los probióticos pueden modular la activación de los mastocitos y así reducir la inflamación, lo que puede tener efectos positivos en la salud intestinal y la conexión cerebro-intestino.

Probióticos multicepa

Los probióticos multicepa, que contienen una combinación de diferentes cepas bacterianas, pueden actuar sinérgicamente y tener varios efectos positivos en la salud intestinal y la conexión cerebro-intestino, como el fortalecimiento de la barrera intestinal y la modulación de la respuesta inmunitaria.

Efecto probiótico en el tracto digestivo

Eficacia y ubicación de cepas probióticas en el tracto digestivo.

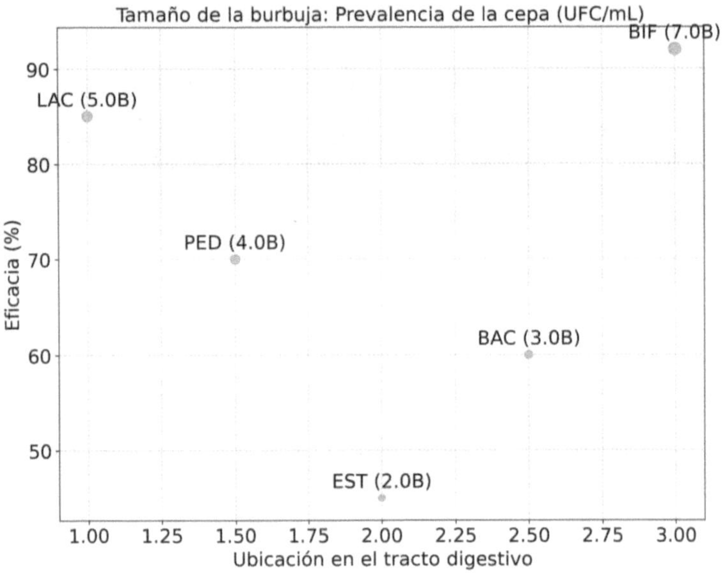

Blasengröße: Prevalencia de la cepa (UFC/mL)

BAC: Bacillus

BIF: Bifidobacterium

EST: Streptococcus

LAC: Lactobacillus

PED: Pediococcus

El gráfico destaca la eficacia variable de las cepas probióticas en todo el sistema digestivo. Lactobacillus y Bifidobacterium muestran una actividad significativa en el intestino delgado y grueso respectivamente, lo que sugiere funciones especializadas. Si bien Streptococcus demuestra una actividad más amplia, su menor impacto general sugiere un papel menos destacado en la salud intestinal en comparación con los demás. Estos datos enfatizan la importancia de la selección de probióticos específicos de la cepa para obtener beneficios específicos.

Consejos concretos

- Integra gradualmente alimentos probióticos como el kéfir o el kombucha en tu vida diaria, comenzando con pequeñas cantidades para acostumbrar suavemente tu flora intestinal a las nuevas cepas bacterianas.
- Crea tu tratamiento probiótico individual: después de tomar antibióticos, elige cepas probióticas específicas que reconstruyan la flora intestinal, como Lactobacillus rhamnosus GG.
- Rota tus suplementos probióticos: cambia las cepas bacterianas en tus suplementos cada pocas semanas para fomentar la diversidad de tu flora intestinal.
- Combina la ingesta de probióticos con polifenoles de té verde o granada para favorecer el asentamiento de las bacterias beneficiosas en el intestino.
- Mejora el yogur probiótico con compota de manzana casera hecha de manzanas sin pelar, para potenciar los efectos positivos de los probióticos a través de los pectinas que contiene.
- Bebe una taza de té de hierbas tibio después de consumir alimentos probióticos para apoyar a las bacterias en su camino hacia el intestino.
- Presta atención a los sellos de calidad al seleccionar suplementos probióticos, que garanticen la cantidad y viabilidad de las bacterias.
- Almacena tus suplementos probióticos de acuerdo con las indicaciones del fabricante para mantener la eficacia de las culturas bacterianas.
- Discute tu estrategia probiótica con tu médico o farmacéutico para excluir interacciones con medicamentos.

3. 3 Evitar factores perturbadores

El estrés, la contaminación ambiental y los medicamentos pueden perturbar gravemente la salud intestinal y, por ende, el delicado equilibrio del microbioma. Estos factores de perturbación influyen en la permeabilidad intestinal, la composición de la flora intestinal y, en última instancia, también en la función cerebral. Las consecuencias varían desde molestias digestivas hasta problemas psicológicos. Este capítulo muestra cómo minimizar las influencias negativas en su intestino y así proteger su flora intestinal. Descubra cómo, a través de medidas específicas, puede fortalecer su salud intestinal y afectar positivamente la conexión entre el cerebro y el intestino.

Para mantener el equilibrio del eje intestino-cerebro, es esencial minimizar factores de perturbación como el estrés, la contaminación ambiental y ciertos medicamentos.

Reducción del estrés

El estrés influye significativamente en la salud intestinal. Cambia la sensibilidad, el movimiento, la secreción y la permeabilidad del intestino [s101]. Esto puede llevar a un aumento de la permeabilidad de la pared intestinal, permitiendo que las bacterias entren más fácilmente en el cuerpo [s102]. Este efecto de "intestino permeable" puede promover inflamaciones y agravar enfermedades intestinales existentes, como el síndrome del intestino irritable. Además de estos efectos fisiológicos, el estrés también juega un papel en problemas psicológicos como la ansiedad y la depresión, que a su vez pueden influir en la actividad de enfermedades inflamatorias intestinales [s102]. Existen varios enfoques para la reducción del estrés. Los métodos no farmacológicos incluyen el fortalecimiento de la relación médico-paciente, la educación del paciente, hipnoterapia, terapia cognitivo-conductual, cambios en la dieta, ejercicio y biofeedback [s101]. Estos métodos tienen como objetivo manejar los factores estresantes y regular la respuesta al estrés del cuerpo. Complementariamente, se pueden utilizar estrategias farmacológicas, como antidepresivos, para tratar los cambios intestinales relacionados con el estrés y mejorar la calidad de vida [s102]. Es importante encontrar la combinación adecuada de estos métodos para cada individuo. El estrés crónico activa el eje hipotálamo-hipófisis-adrenal (HPA), lo que puede llevar a trastornos relacionados con el estrés [s103]. Al mismo tiempo, el uso de antibióticos puede afectar negativamente la flora intestinal y activar el eje HPA [s103]. Por lo tanto, es recomendable un uso consciente de los medicamentos, especialmente de los antibióticos. Una flora intestinal equilibrada apoya la producción de importantes neurotransmitter y contribuye al bienestar psicológico [s103].

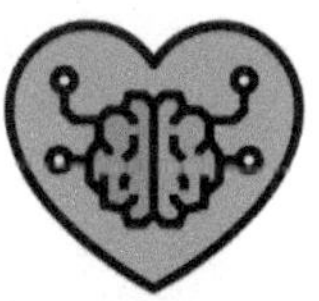

Bueno saber

Hipnoterapia

Un procedimiento que utiliza el estado de trance para cambiar patrones de pensamiento y comportamientos negativos relacionados con el estrés, influyendo positivamente en la salud intestinal.

Intestino permeable

Un intestino que permite el paso de más toxinas y bacterias al torrente sanguíneo debido al estrés u otros factores, lo que puede afectar la conexión cerebro-intestino.

Síndrome del intestino irritable

Una afección caracterizada por dolor abdominal, hinchazón y cambios en las deposiciones, que a menudo se agrava por el estrés, afectando negativamente la comunicación entre el cerebro y el intestino.

Terapia cognitivo-conductual

Una forma de terapia que busca identificar y cambiar pensamientos y comportamientos negativos que causan estrés y afectan la salud intestinal.

Correlación entre el nivel de estrés y la salud intestinal

Ilustra la relación inversa entre los niveles de estrés y la salud intestinal.

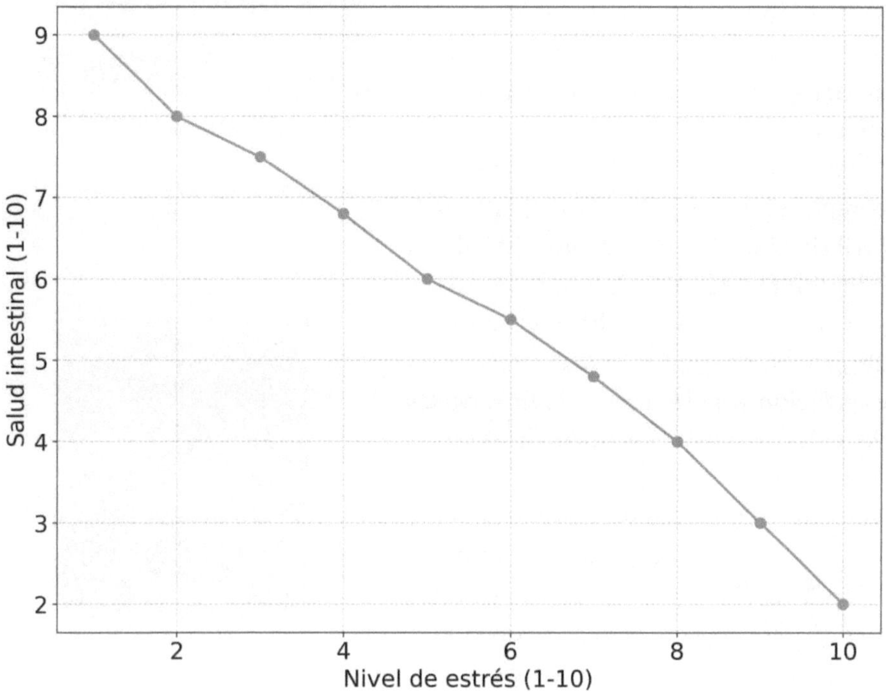

A medida que disminuyen los niveles de estrés, los marcadores de salud intestinal generalmente mejoran. Esto sugiere que controlar el estrés puede influir positivamente en la salud intestinal, lo que respalda la conexión entre el cerebro y el intestino. Por el contrario, los niveles más altos de estrés están asociados con indicadores de salud intestinal más deficientes. Esto enfatiza la importancia de las técnicas de reducción del estrés para el bienestar general.

Minimizar las cargas ambientales

Las cargas ambientales a las que estamos expuestos diariamente pueden afectar la salud intestinal y, por ende, también al cerebro. Contaminantes como pesticidas en los alimentos, metales pesados en el aire o plastificantes en envases de plástico afectan al organismo y pueden alterar la composición de la flora intestinal [s104]. Una diversidad reducida de la microbiota se asocia con diversos problemas de salud. El consumo de alimentos orgánicos puede reducir la exposición a pesticidas. Elegir envases de vidrio o metal en lugar de plástico minimiza la ingesta de plastificantes. Ventilar regularmente, especialmente después de trabajos de renovación, ayuda a disminuir la carga de compuestos orgánicos volátiles en interiores. Además, hacer ejercicio al aire libre, lejos de calles muy transitadas, contribuye a una menor exposición a contaminantes y, como muestran los estudios, promueve una flora intestinal más diversa [s104]. Por lo tanto, un paseo en el parque o en el bosque puede tener efectos positivos en la salud intestinal y el bienestar general.

Alimentos orgánicos [i35]

Pesticidas [i36]

Bueno saber

Alimentos orgánicos

Los alimentos orgánicos se cultivan sin pesticidas y herbicidas sintéticos. El consumo de alimentos orgánicos puede ayudar a reducir la carga del cuerpo con estas sustancias potencialmente dañinas, protegiendo así la salud intestinal y la comunicación entre el intestino y el cerebro.

Compuestos orgánicos volátiles

Los compuestos orgánicos volátiles (COV) son sustancias químicas gaseosas que se liberan de diversas fuentes como pinturas, barnices, productos de limpieza y materiales de construcción. Pueden afectar la salud intestinal y alterar la comunicación entre el intestino y el cerebro, lo que puede llevar a problemas de concentración o trastornos del sueño.

Metales pesados

Los metales pesados como el plomo o el mercurio pueden acumularse en el cuerpo y afectar la salud intestinal. Pueden promover inflamaciones en el intestino y debilitar la función protectora de la barrera intestinal, lo que interfiere con la conexión entre el cerebro y el intestino y puede dar lugar a síntomas neurológicos.

Influencia de los factores de perturbación

Efectos sobre el eje intestino-cerebro

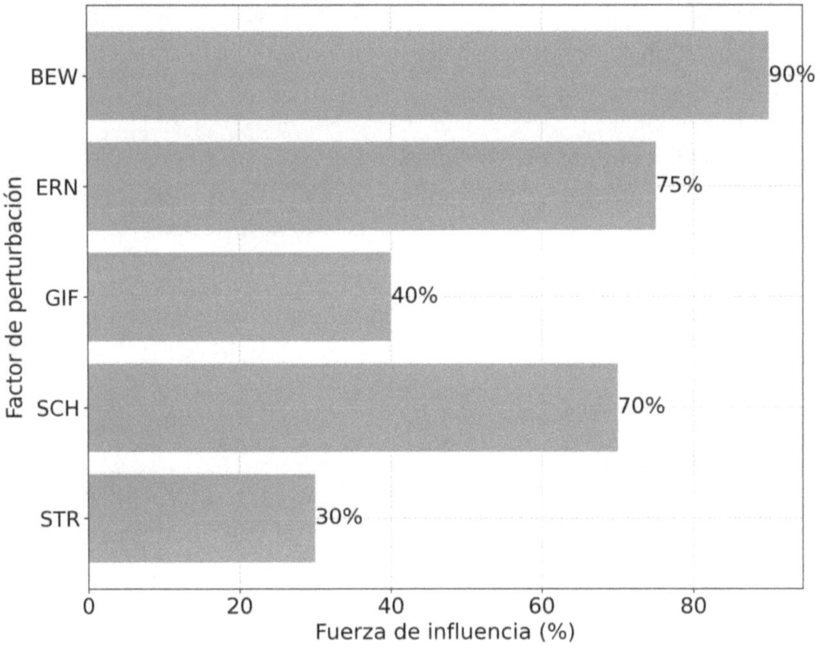

BEW: Falta de ejercicio

ERN: Dieta poco saludable

GIF: Toxinas ambientales

SCH: Falta de sueño

STR: Estrés

El diagrama de barras horizontal visualiza la influencia relativa de varios factores de perturbación en la conexión intestino-cerebro. El estrés muestra la mayor influencia, seguido de la falta de sueño y una dieta poco saludable. Las toxinas ambientales y la falta de ejercicio tienen efectos moderados. Esto ilustra la importancia del manejo del estrés, el sueño suficiente y una dieta saludable para una función óptima del eje intestino-cerebro.

Tener en cuenta las influencias de los medicamentos

Los medicamentos utilizados para tratar diversas enfermedades pueden afectar la salud intestinal y, por ende, también la función cerebral de manera indirecta. Los fármacos no actúan de forma aislada sobre un órgano, sino que pueden tener efectos sistémicos que alteran la flora intestinal, la darmpermeabilitaet (capacidad de la pared intestinal) y la motilidad intestinal (movimiento del intestino). [s105] Estos cambios pueden provocar molestias gastrointestinales como dolor abdominal, estreñimiento o diarrea. [s105] Por ejemplo, los medicamentos estimulantes, que a menudo se prescriben para el TDAH o la narcolepsia, pueden causar dolor abdominal. Los betabloqueantes, utilizados para tratar la hipertensión y las arritmias cardíacas, también pueden provocar trastornos digestivos como estreñimiento, diarrea e irritaciones estomacales. Los medicamentos antiinflamatorios no esteroides (AINEs), comparables a analgésicos comunes como el ibuprofeno o el diclofenaco, pueden dañar la mucosa intestinal y provocar inflamaciones. Los antibióticos, que combaten infecciones bacterianas, pueden alterar la flora intestinal natural y favorecer el crecimiento de gérmenes patógenos. Esta disbiosis (desequilibrio de la flora intestinal) puede llevar a problemas digestivos y a un mayor riesgo de infecciones. Para minimizar los efectos negativos de los medicamentos en el intestino, es importante discutir la medicación con el médico y considerar posibles alternativas o medidas de apoyo. Los probióticos, praebiotische y una dieta rica en fibra pueden ayudar a mantener la salud intestinal durante y después de una terapia medicamentosa. Una flora intestinal saludable es crucial para la producción de neurotransmisores como la serotonina, que desempeña un papel fundamental en el estado de ánimo y el bienestar.

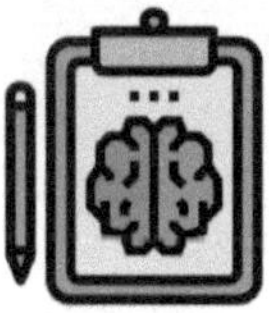

Bueno saber

Gérmenes patógenos

Los gérmenes patógenos son microorganismos que pueden causar enfermedades. Un crecimiento excesivo de gérmenes patógenos en el intestino puede afectar negativamente la salud intestinal y la comunicación entre el intestino y el cerebro.

Influencia de la medicación en el eje intestino-cerebro

Impacto de los medicamentos comunes en la microbiota intestinal.

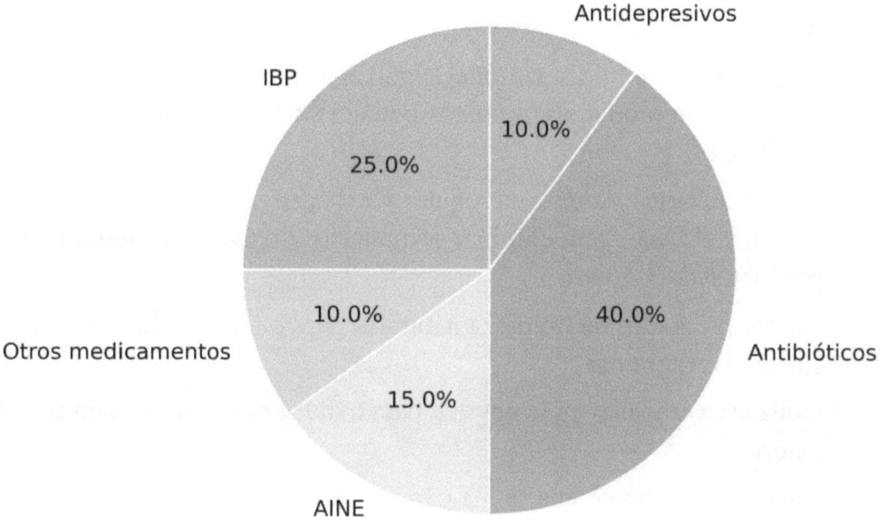

AINE: AINE

Antidepresivos: Antidepresivos

Otros medicamentos: Otros medicamentos

Antibióticos: Antibióticos

IBP: Inhibidores de la Bomba de Protones

Este gráfico destaca el impacto significativo que varios medicamentos pueden tener en el microbioma intestinal. Si bien los antibióticos tienen el mayor efecto debido a su actividad de amplio espectro, otros medicamentos como los IBP y los AINE también contribuyen a alteraciones en la composición bacteriana intestinal. Esta alteración puede influir en el eje intestino-cerebro, lo que podría conducir a diversas consecuencias para la salud. Comprender estos impactos es crucial para la medicina personalizada y la optimización de las estrategias de tratamiento.

Consejos concretos

- Reduzca la ingesta de medicamentos no esenciales para no sobrecargar innecesariamente la flora intestinal.
- Establezca una semana libre de medicamentos al mes para permitir que su intestino descanse (tras consultar con su médico).
- Filtre su agua potable para minimizar la carga de cloro y otras sustancias.
- Prefiera ropa de fibras naturales como algodón o lino para reducir el contacto con productos químicos potencialmente dañinos en textiles sintéticos.
- Ventile su hogar de manera regular y exhaustiva, especialmente en la cocina y el baño, para eliminar compuestos orgánicos volátiles de los productos de limpieza.
- Utilice productos de limpieza naturales para minimizar la carga de sustancias químicas.
- Quítese los zapatos en la entrada para evitar llevar contaminantes del exterior.
- Visite regularmente una sauna para ayudar a su cuerpo en el proceso de desintoxicación (tras consultar con su médico).
- Desarrolle una conciencia sobre las fuentes ocultas de azúcares en los alimentos procesados y redúzcalas de manera consistente.
- Evite la exposición innecesaria a radiaciones reduciendo el uso de teléfonos móviles y Wi-Fi, y apague los dispositivos por la noche.
- Rodéese de plantas que purifiquen el aire y mejoren su entorno de vida.
- Al comprar productos cosméticos, preste atención a los ingredientes naturales y evite productos con parabenos y otros químicos potencialmente dañinos.

Revisión - 3. Saneamiento intestinal y cuidado del microbioma

La salud de su intestino está estrechamente relacionada con su bienestar general, especialmente con su rendimiento cognitivo y su salud mental. Una flora intestinal intacta, compuesta por una variedad de bacterias beneficiosas, desempeña un papel crucial. No solo apoya el suministro de nutrientes a las células intestinales y la regeneración de la mucosa intestinal, sino que también influye en su sistema inmunológico, su respuesta al estrés e incluso en su comportamiento alimentario. Para influir positivamente en esta compleja interacción, conocida como el eje cerebro-intestino, puede tomar medidas activas y promover específicamente su salud intestinal.

Un paso importante para el cuidado del microbioma es la optimización de su dieta. Integre alimentos ricos en fibra como granos enteros, frutas, verduras y legumbres en su plan de alimentación. Estos llamados "carbohidratos accesibles a la microbiota" sirven como alimento para las bacterias intestinales beneficiosas, promoviendo así su crecimiento y actividad. Además, preste atención a reducir la ingesta de alimentos altamente procesados, ácidos grasos saturados y azúcares, ya que estos pueden afectar negativamente el equilibrio de la flora intestinal. Complementariamente, puede incorporar alimentos prebióticos como cebollas, ajo, plátanos o alcachofas en su dieta para apoyar específicamente el crecimiento de ciertas cepas bacterianas.

Además de la alimentación, la gestión del estrés y la minimización de la contaminación ambiental juegan un papel importante en su salud intestinal. El estrés crónico puede aumentar la permeabilidad intestinal y favorecer la inflamación. Por lo tanto, encuentre técnicas de relajación adecuadas para usted, como yoga, meditación o entrenamiento autógeno. También preste atención a dormir lo suficiente y a realizar ejercicio regularmente al aire libre. Para reducir la carga de toxinas ambientales, se recomienda consumir alimentos orgánicos, utilizar envases libres de contaminantes y ventilar regularmente los espacios habitables. También considere los posibles efectos de los medicamentos en su flora intestinal. Hable sobre su medicación con su médico y considere medidas de apoyo como la ingesta de probióticos para promover la salud intestinal durante y después de un tratamiento farmacológico.

La implementación de una sanación intestinal requiere paciencia y constancia. No todos los enfoques son igualmente adecuados para todos. Observe sus reacciones individuales a los cambios en la dieta y otras medidas, y ajuste su estrategia si es necesario. Consulte a su médico o a un nutricionista si tiene molestias o dudas. Una flora intestinal saludable es una inversión en su bienestar. Con las medidas adecuadas, puede influir positivamente en la comunicación entre el intestino y el cerebro, fortaleciendo así su salud física y mental de manera sostenible.

4. Salud mental y función intestinal

¿Alguna vez se ha preguntado por qué a menudo tenemos problemas digestivos cuando estamos estresados? La estrecha conexión entre nuestro intestino y nuestro bienestar psicológico ocupa a investigadores de todo el mundo. Los últimos hallazgos muestran que nuestro sistema digestivo es mucho más que un órgano para la digestión de alimentos. A través de una compleja red de vías nerviosas y mensajeros químicos, el intestino y el cerebro se comunican de manera constante, influyendo en nuestras emociones, nuestro comportamiento y nuestra capacidad de regeneración. En este capítulo desentrañaremos los fascinantes mecanismos de esta interacción y su importancia para nuestra salud mental.

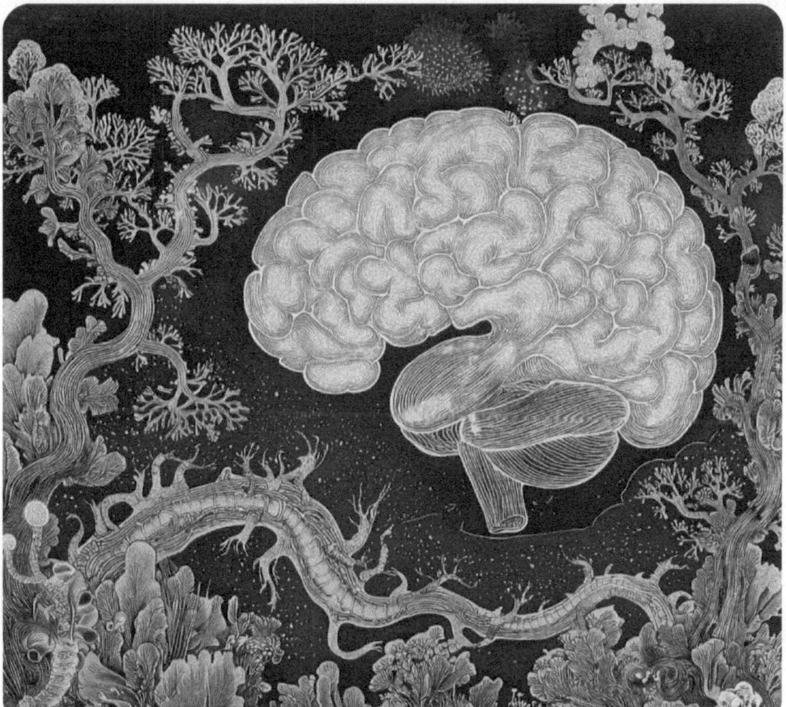

4. 1 Regulación del estado de ánimo

La regulación del estado de ánimo está estrechamente vinculada a la salud intestinal. La flora intestinal produce neurotransmisores importantes como la serotonina y el GABA, que influyen en nuestro estado de ánimo, nuestro sueño y nuestro apetito. Una flora intestinal desequilibrada (disbiosis) puede alterar esta producción y llevar a cambios de humor, trastornos del sueño y problemas digestivos. La influencia del eje intestino-cerebro en nuestro equilibrio emocional es enorme. Los patógenos y el estrés pueden afectar negativamente la flora intestinal y perturbar la comunicación entre el intestino y el cerebro. Esto puede contribuir a la inquietud interna, la ansiedad e incluso la depresión. Descubra en este capítulo cómo la salud intestinal influye en nuestro estado de ánimo y qué papel juegan la alimentación, la gestión del estrés y el microbioma en nuestro bienestar emocional.

El equilibrio de la flora intestinal influye de manera significativa en el estado de ánimo, ya que los neurotransmisores producidos en el intestino, como la serotonina, se comunican directamente con el cerebro a través del eje intestino-cerebro.

Producción de neurotransmisores

La producción de neurotransmittern, los mensajeros químicos del sistema nervioso, no solo ocurre en el cerebro, sino también en el intestino. En el intestino, la microbiota, el conjunto de microorganismos que allí habitan, produce una variedad de neurotransmisores como serotonina, ácido gamma-aminobutírico (GABA), dopamina y noradrenalina. [s106] [s107] Estos neurotransmisores se comunican tanto localmente en el intestino como con el cerebro a través del eje intestino-cerebro. [s108] Una gran parte de la serotonina del cuerpo, que regula entre otras cosas el estado de ánimo, el sueño y el apetito, se produce en el intestino. [s109] La flora intestinal influye en la disponibilidad de triptófano, el aminoácido esencial y único precursor de la síntesis de serotonina. [s110] Una dieta equilibrada con alimentos ricos en triptófano, como nueces, semillas o legumbres, puede apoyar la producción de serotonina. Las bacterias intestinales también producen kurzkettige_fettsaeuren_scfas como butirato, acetato y propionato, que a su vez estimulan la síntesis de serotonina en las células enterochromafines del intestino. [s109] [s108] Estas células constituyen la mayor parte de la serotonina en el cuerpo. Una flora intestinal alterada (dysbiose) puede afectar negativamente la producción de neurotransmisores y, por lo tanto, contribuir a cambios de humor, trastornos del sueño o problemas digestivos. [s109] [s111] La salud intestinal, por lo tanto, afecta directamente la producción y el metabolismo de neurotransmisores, influyendo así en la comunicación entre el intestino y el cerebro.

Producción de Neurotransmisores y Regulación del Estado de Ánimo

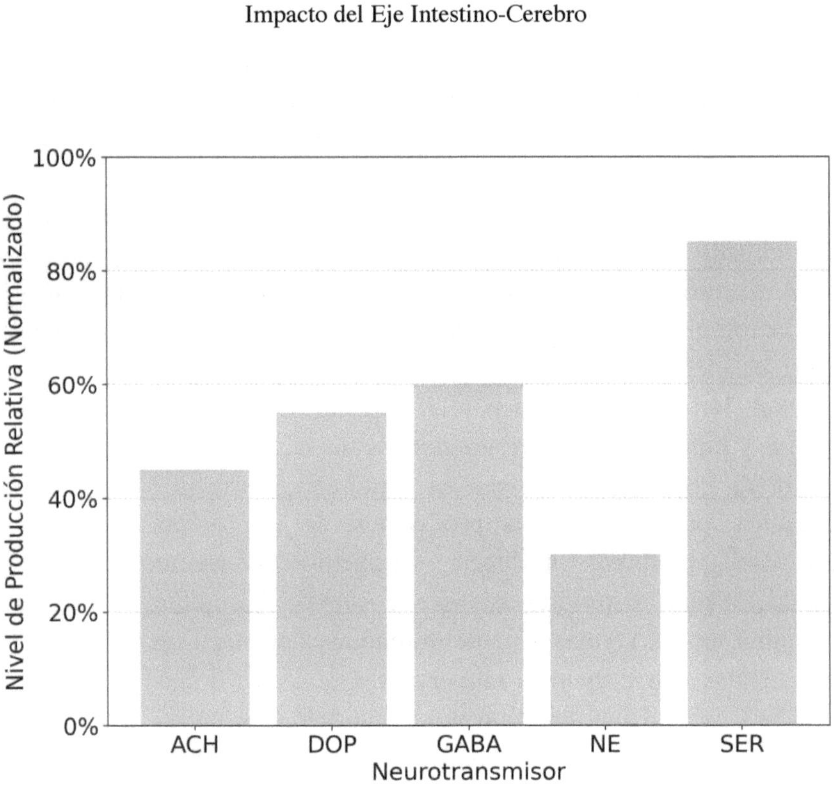

ACH: Acetilcolina

DOP: Dopamina

GABA: GABA

NE: Norepinefrina

SER: Serotonina

La serotonina muestra una producción significativamente mayor en comparación con otros neurotransmisores, lo que sugiere un papel dominante en la regulación del estado de ánimo. Si bien los niveles de dopamina y GABA son moderados, la producción relativamente baja de norepinefrina puede indicar un área potencial de intervención para mejorar el equilibrio general del estado de ánimo. Estos hallazgos subrayan la importancia de la conexión intestino-cerebro para influir en el bienestar mental.

Equilibrio emocional

El equilibrio emocional está estrechamente relacionado con la interacción entre el intestino y el cerebro. La mikrobiota en el intestino no solo influye en los procesos digestivos, sino también en funciones psicológicas como el estado de ánimo, la ansiedad y la estabilidad emocional. [s112] Un desequilibrio, es decir, una flora intestinal no equilibrada, puede perturbar la comunicación entre el intestino y el cerebro y tener efectos negativos en el equilibrio emocional. [s113] [s114] Los pathogene_keime pueden desplazar las bacterias beneficiosas y así afectar la producción y el metabolismo de neurotransmittern como la serotonina y el GABA. Estas sustancias mensajeras son fundamentales en la regulación del estado de ánimo, el sueño y el apetito. [s115] Por lo tanto, una flora intestinal desequilibrada puede contribuir a cambios de humor, inquietud interna o incluso al desarrollo de trastornos de ansiedad y depresión. [s112] La alimentación juega un papel crucial en la composición de la flora intestinal. Una dieta rica en fibra, con abundantes frutas, verduras y productos integrales, promueve el crecimiento de bacterias beneficiosas y apoya así el equilibrio emocional. Por ejemplo, los alimentos prebióticos como la cebolla, el ajo o la achicoria pueden fomentar el crecimiento de ciertas cepas bacterianas que estimulan la producción de ácidos grasos de cadena corta, que a su vez apoyan la síntesis de serotonina en el intestino. [s116] [s117] Además de la alimentación, los probióticos, es decir, microorganismos vivos con propiedades beneficiosas para la salud, pueden influir positivamente en la flora intestinal y contribuir a mejorar el equilibrio emocional. [s117] El estrés, por su parte, puede afectar negativamente la composición de la microbiota intestinal y causar un desequilibrio y una mayor permeabilidad intestinal, es decir, la permeabilidad de la pared intestinal. [s113] Esta mayor permeabilidad puede promover procesos inflamatorios en el cuerpo y perturbar aún más la comunicación entre el intestino y el cerebro. Técnicas de relajación como el yoga o la meditación pueden ayudar a reducir el estrés y así influir positivamente en la salud intestinal y el equilibrio emocional. [s118] La compleja interacción de los mecanismos homeostáticos y hedónicos en el cerebro y el intestino regula el equilibrio emocional. [s119] El consumo crónico de alimentos altamente procesados puede llevar a inflamaciones sistémicas y alterar la regulación natural del apetito. [s119] Esto puede dar lugar a trastornos alimentarios, cuyo tratamiento requiere un enfoque multidisciplinario que considere tanto la psique como las funciones corporales. [s119]

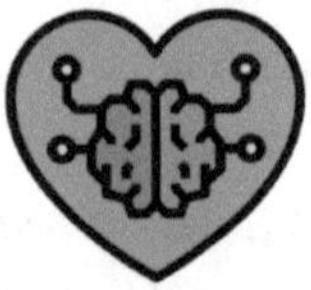

Equilibrio Emocional y Eje Intestino-Cerebro

Impacto de la salud intestinal en la regulación emocional.

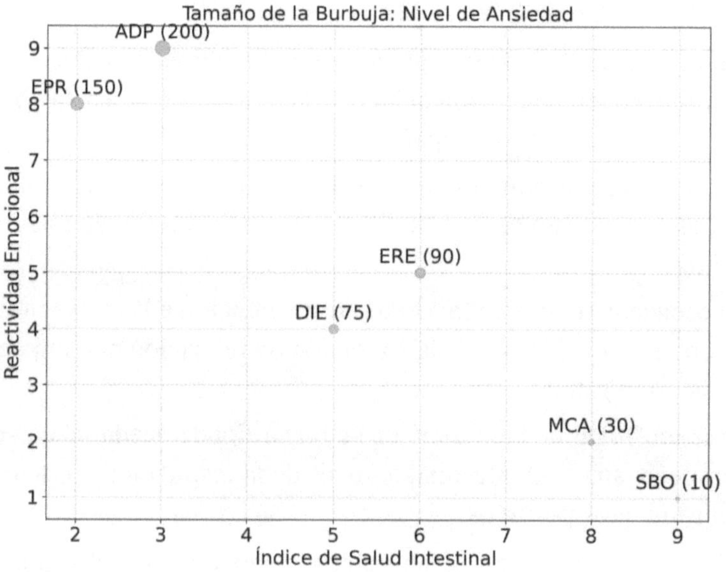

Blasengröße: Nivel de Ansiedad

ADP: Alimentos Procesados Dominantes DIE: Dieta Equilibrada

EPR: Problemas Relacionados con el Estrés ERE: Ejercicio Regular

MCA: Dieta Consciente y Ejercicio SBO: Salud Intestinal Óptima

Este gráfico sugiere una fuerte correlación entre la salud intestinal y el equilibrio emocional. Una mejor salud intestinal, como lo indican las puntuaciones más altas del 'Índice de Salud Intestinal', se asocia con una mejor regulación emocional y una menor reactividad emocional. Por el contrario, las puntuaciones más bajas de salud intestinal se correlacionan con un aumento de la ansiedad y dificultad para manejar las emociones. Esta visualización destaca el potencial de mejorar el bienestar emocional a través de intervenciones centradas en la salud intestinal.

Consejos concretos

- Conscientemente, al sentir emociones como el miedo o la ira, dirija su atención a su abdomen y respire profundamente en esa área.
- Asocie emociones positivas como la alegría o la gratitud con el disfrute de alimentos saludables, para crear una conexión positiva entre su estado de ánimo y la salud intestinal.
- Desarrolle un "barómetro de bienestar abdominal": evalúe diariamente en una escala del 1 al 10 cómo se siente en su abdomen y qué emociones lo acompañan.
- Visualice al preparar sus comidas cómo los ingredientes saludables influyen positivamente en su flora intestinal y elevan su estado de ánimo.
- Al escuchar su música favorita, preste atención a las vibraciones en su abdomen y disfrute de la sensación de relajación que impacta en su salud intestinal.
- Cree un "lugar de bienestar" en su hogar donde pueda relajarse y fortalecer su salud intestinal a través de la respiración consciente y pensamientos positivos.
- Combine un paseo por la naturaleza con una meditación en la que se concentre en los sonidos de su entorno mientras relaja conscientemente su intestino.
- Déjese inspirar por los aromas: inhale aceites esenciales como lavanda o manzanilla, que tienen un efecto calmante y pueden influir positivamente en su estado de ánimo.
- Desarrolle un ritual nocturno en el que se consienta con un suave masaje abdominal mientras suelta los pensamientos del día.

4. 2 Adaptaciones de comportamiento

Los ajustes de comportamiento juegan un papel crucial en la salud mental y la función intestinal. Los hábitos alimenticios, las técnicas de relajación y las rutinas de ejercicio influyen en el eje intestino-cerebro y, por ende, en la compleja interacción entre el intestino y la psique. Los comportamientos desfavorables pueden llevar a problemas digestivos, estrés y deterioro cognitivo. Por el contrario, una alimentación optimizada, el manejo del estrés y el ejercicio regular fomentan un microbioma intestinal saludable y fortalecen la resiliencia mental. La interacción de estos factores es compleja y ofrece múltiples puntos de partida para cambios positivos. Descubra a continuación cómo los ajustes de comportamiento específicos pueden mejorar de manera sostenible su salud intestinal y su bienestar psicológico.

Los ajustes de comportamiento específicos en la alimentación, el ejercicio y la gestión del estrés promueven la salud intestinal y, de este modo, fortalecen la resiliencia mental.

Optimizar los hábitos alimenticios

Los hábitos alimenticios optimizados influyen positivamente en la conexión intestino-cerebro. La dieta afecta directamente la composición y actividad de la microbiota intestinal, que a su vez influye en nuestra salud [s120]. Una dieta variada con diferentes fibras promueve un microbioma saludable. Los prebióticos, comparables a almidón resistente en alimentos no procesados, fomentan el crecimiento de bacterias beneficiosas en el colon [s120]. Una dieta rica en fibra puede reducir el riesgo de cáncer de colon y apoyar la salud intestinal en general [s120]. Además de las fibras, los ácidos grasos omega-3, presentes en pescados grasos como el salmón o la caballa, son importantes para la función cognitiva y promueven la synaptische_plastizitaet [s121]. En contraste, una alta ingesta de grasas saturadas, que se encuentran principalmente en productos animales, puede afectar negativamente los procesos cognitivos y aumentar el riesgo de disfunciones neurológicas [s121]. Además, los micronutrientes como las vitaminas del grupo B, la vitamina D y los antioxidantes influyen positivamente en la función cognitiva y pueden contrarrestar las deficiencias cognitivas [s121]. Un cambio en la dieta puede, combinado con ejercicio, tener efectos aditivos en la plasticidad sináptica y la función cognitiva [s121]. Además de la composición de macronutrientes, la ingesta calórica es relevante. La restricción calórica puede promover la plasticidad sináptica y reducir el daño oxidativo en el cerebro [s121]. Factores negativos para la microbiota incluyen el estrés, fumar y la falta de ejercicio [s120]. Por lo tanto, estos factores deben ser considerados al optimizar los hábitos alimenticios. Un cambio en la dieta, por ejemplo, mediante un mayor consumo de granos enteros, verduras y frutas en lugar de alimentos altamente procesados, puede provocar cambios significativos en el microbioma en poco tiempo [s120].

Bueno saber

Almidón resistente

El almidón resistente es una forma de almidón que no se digiere en el intestino delgado y, por lo tanto, sirve como alimento para las bacterias en el colon. Actúa como un prebiótico y puede influir positivamente en la salud intestinal y el comportamiento.

Conexión intestino-cerebro

La conexión intestino-cerebro es una compleja red de comunicación entre el intestino y el cerebro que envía señales en ambas direcciones y afecta nuestro comportamiento. Los cambios en el intestino, como una composición alterada de la flora intestinal, pueden influir en el cerebro a través de esta conexión y provocar cambios en el comportamiento.

Restricción calórica

Una reducción en la ingesta calórica puede tener efectos positivos en la salud intestinal y la función cerebral. Puede cambiar la composición de la microbiota intestinal y promover la producción de sustancias antiinflamatorias, lo que puede influir positivamente en el comportamiento.

Distribución óptima de las comidas para la salud intestinal y cerebral

Visualización del horario y tamaño ideal de las comidas.

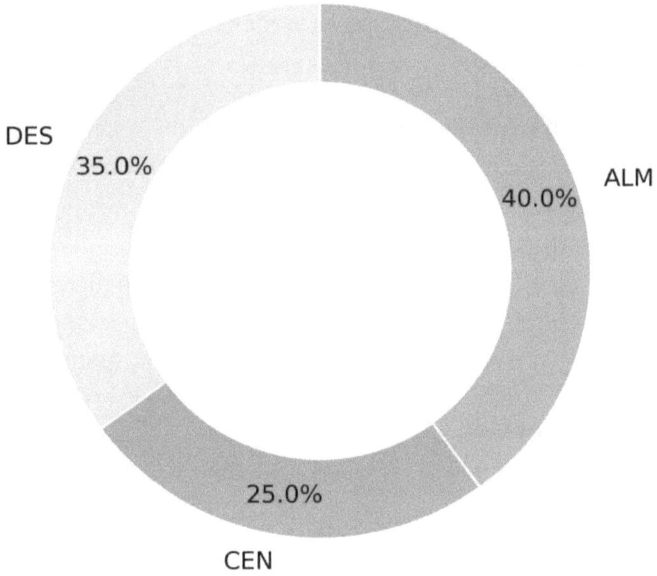

- ALM: Desayuno (40%)
- CEN: Cena (25%)
- DES: Almuerzo (35%)

Este gráfico enfatiza la importancia de las comidas balanceadas a lo largo del día. Un desayuno más grande ayuda a impulsar el metabolismo y proporciona energía sostenida. Un almuerzo moderado mantiene los niveles de energía, mientras que una cena más pequeña permite una mejor digestión y sueño. La sincronización constante de las comidas apoya los ritmos circadianos y la salud del microbioma intestinal, lo que impacta positivamente el bienestar general.

Técnicas de relajación

Las técnicas de relajación influyen positivamente en la interacción entre la psique y el intestino. El estrés crónico afecta negativamente la salud intestinal y puede llevar a problemas digestivos. Inversamente, un ambiente intestinal desequilibrado puede intensificar los síntomas de estrés [s122]. Por lo tanto, es importante desarrollar estrategias para el manejo del estrés. Los ejercicios de atención plena, como la meditación o el yoga, pueden ayudar a reducir el estrés y mejorar la percepción corporal [s123]. Fomentan la concentración en el momento presente y reducen la rumiación sobre el pasado o el futuro. Incluso sesiones cortas de meditación regular, de aproximadamente 10 minutos al día, pueden tener efectos positivos. La psicoterapia, especialmente la terapia cognitivo-conductual, también puede ser útil en el desarrollo de estrategias de afrontamiento para el estrés [s124]. Esta forma de terapia ayuda a los pacientes a reconocer y cambiar patrones de pensamiento negativos. Además de estos métodos, también se pueden utilizar técnicas de relajación como la relajación muscular progresiva o el entrenamiento autógeno. En la relajación muscular progresiva, se tensan y relajan secuencialmente diferentes grupos musculares, lo que lleva a un estado de profunda relajación. Al aprender y aplicar regularmente estas técnicas, los afectados pueden regular su reacción al estrés y, por lo tanto, influir positivamente en la salud intestinal. Una combinación de diferentes enfoques, adaptados a las necesidades individuales, suele ser la más efectiva.

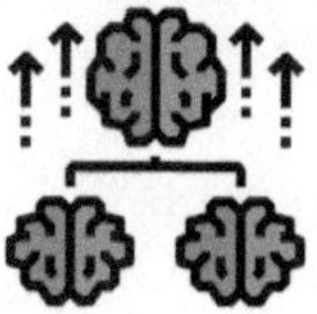

Bueno saber

Relajación muscular progresiva

La relajación muscular progresiva puede influir positivamente en la función intestinal al reducir la tensión muscular y el estrés. La relajación de la musculatura puede llevar a una mejor circulación sanguínea en el intestino y a una regulación de la actividad intestinal.

Terapia cognitivo-conductual

La terapia cognitivo-conductual puede ser útil para cambiar patrones de comportamiento y pensamiento desfavorables que afectan negativamente la salud intestinal. Puede ayudar, por ejemplo, en el manejo del estrés y la ansiedad, que a menudo se asocian con problemas digestivos.

Ejercicios de atención plena

Prácticas como la meditación y el yoga pueden atenuar la reacción de estrés del cuerpo, lo que tiene un efecto positivo en la salud intestinal. A través de la dirección consciente de la atención, los ejercicios de atención plena pueden mejorar la comunicación entre el cerebro y el intestino, regulando así la digestión.

Eficacia de las técnicas de relajación

Eficacia de la relajación en la reducción del estrés.

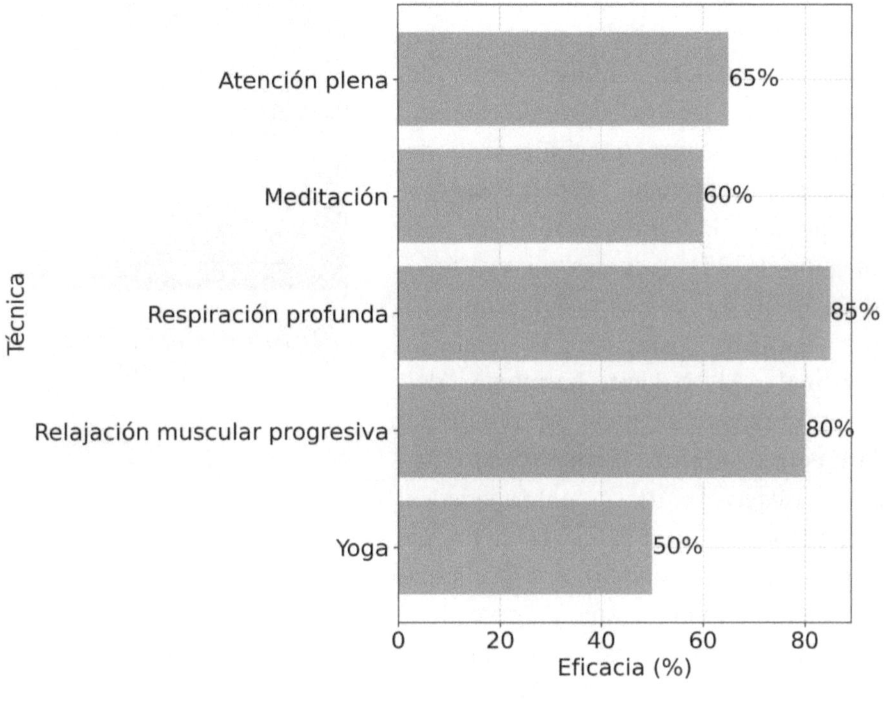

APL: Atención plena

MED: Meditación

RES: Respiración profunda

RMP: Relajación muscular progresiva

YOG: Yoga

La respiración profunda y la meditación muestran la mayor eficacia en la reducción del estrés y la mejora de la salud intestino-cerebral. El yoga y la relajación muscular progresiva también ofrecen beneficios, pero en menor medida. El entrenamiento de atención plena logra resultados moderados. La elección de la técnica debe adaptarse a las necesidades individuales.

Rutinas de ejercicio

El ejercicio regular tiene un efecto positivo en el eje intestino-cerebro y puede promover la salud mental. La actividad física influye en la composición de la darmmikrobiota, estimulando el crecimiento de especies bacterianas beneficiosas y reduciendo la inflamación en el intestino [s125]. Además, el ejercicio actúa como un reductor del estrés, lo que también beneficia el entorno intestinal. Al reducir hormonas del estrés como el cortisol, se regula la darmpermeabilitaet, disminuyendo así el riesgo de enfermedades inflamatorias intestinales [s125]. No solo el tipo de ejercicio, sino también la regularidad son cruciales. Actividades moderadas, como caminar o andar en bicicleta diariamente, pueden mejorar de manera sostenible la salud intestinal. Por ejemplo, caminar rápidamente durante 30 minutos estimula la actividad intestinal y promueve la digestión. Además, el ejercicio regular apoya la producción de BDNF (factor neurotrófico derivado del cerebro), una proteína que promueve el crecimiento de células nerviosas en el cerebro y mejora el rendimiento cognitivo [s126]. Deportes como la natación o el karate pueden, además de los efectos positivos en la salud

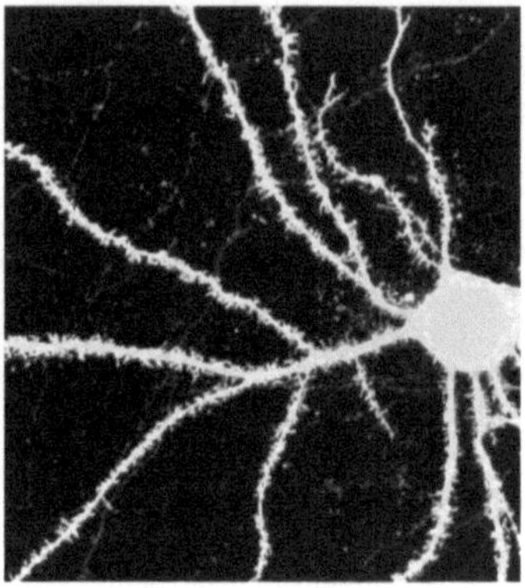

Trastornos del espectro autista [i37]

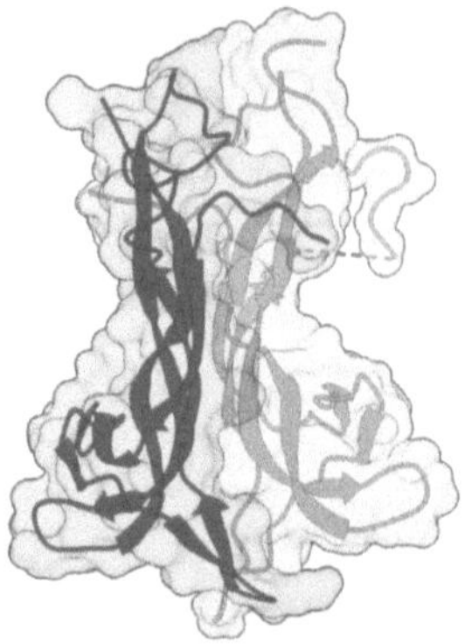

Factor neurotrófico derivado del cerebro [i38]

intestinal, mejorar la interacción social y la comunicación, lo que puede ser especialmente beneficioso para personas con trastornos del espectro autista [s126]. Una combinación de entrenamiento de resistencia y fuerza, complementada con sesiones regulares de relajación, ofrece un enfoque holístico para mejorar la salud mental y física mediante la modulación del eje intestino-cerebro. La integración del ejercicio en la vida diaria, ya sea subiendo escaleras en lugar de usar el ascensor o dando paseos cortos durante el almuerzo, contribuye a largo plazo a un intestino saludable y un estado de ánimo equilibrado.

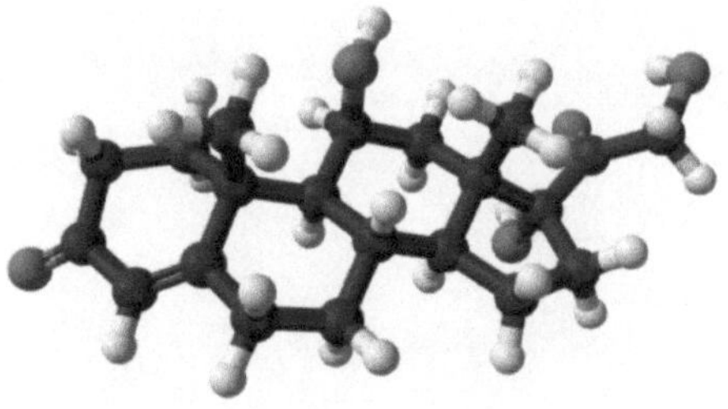

Cortisol [i39]

Bueno saber

Trastornos del espectro autista

Los estudios sugieren que el eje intestino-cerebro podría desempeñar un papel en los trastornos del espectro autista. Los cambios en la composición de la microbiota intestinal y la inflamación en el intestino pueden estar relacionados con algunos de los comportamientos observados en el autismo. El ejercicio y una dieta saludable para el intestino podrían ayudar a mejorar la salud intestinal y, por lo tanto, tener efectos positivos en el comportamiento de las personas con trastornos del espectro autista.

Impacto del movimiento en el eje intestino-cerebro

Distribución de los tipos de movimiento y su impacto potencial en la salud intestinal.

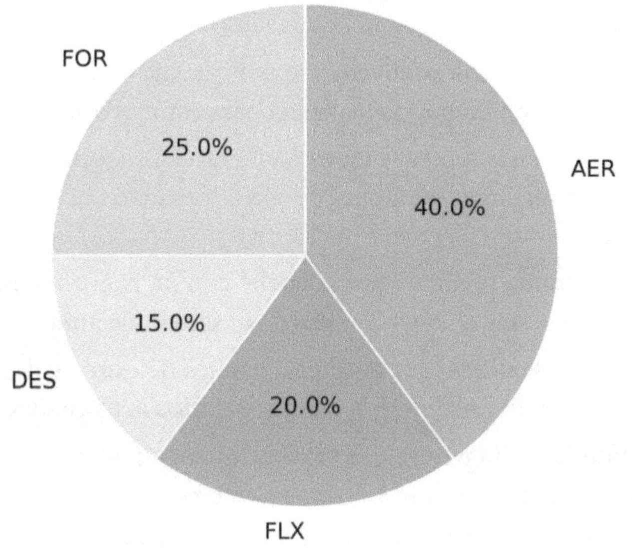

AER: Aeróbico de intensidad moderada (p. ej., caminar a paso ligero, trotar)

DES: Descanso y relajación (p. ej., meditación, respiración consciente)

FLX: Flexibilidad y movilidad (p. ej., yoga, estiramientos)

FOR: Entrenamiento de fuerza (p. ej., levantamiento de pesas, ejercicios con el peso corporal)

Este gráfico destaca la influencia variable de las diferentes rutinas de movimiento en la conexión intestino-cerebro. Si bien el ejercicio aeróbico de intensidad moderada parece tener el impacto positivo más sustancial, la incorporación del entrenamiento de flexibilidad y fuerza también contribuye al bienestar intestinal general. Priorizar una rutina de movimiento equilibrada, que incluya los tres tipos de ejercicio, puede conducir a un microbioma intestinal más diverso y potencialmente más saludable.

Consejos concretos

- Conecte su próxima compra con una visita al mercado semanal y descubra allí nuevas variedades de verduras desconocidas para su salud intestinal.
- Enfoque su atención en la textura y el sabor de los alimentos al comer, para percibir de manera más consciente los procesos digestivos.
- Beba por la mañana, al levantarse, un vaso de agua tibia con una cucharadita de vinagre de manzana para estimular la digestión.
- Integre pequeñas sesiones de movimiento en su jornada laboral, por ejemplo, realizando reuniones de pie o tomando breves pausas para caminar.
- Cree una rutina relajante por la noche con un baño caliente y música suave para cerrar el día y promover su salud intestinal.
- Aprenda a identificar sus desencadenantes de estrés y desarrolle estrategias individuales para contrarrestarlos activamente.
- Pase tiempo en la naturaleza para estimular sus sentidos y fortalecer la conexión entre su intestino y su cerebro.
- Experimente con diferentes técnicas de relajación y encuentre el método que mejor se adapte a usted y apoye su salud intestinal.
- Busque el intercambio con otras personas para mantener contactos sociales y fortalecer su bienestar mental, lo que puede tener un efecto positivo en su salud intestinal.
- Establezca horarios fijos para las comidas, para darle a su intestino un ritmo y optimizar la digestión.
- Recompénsese por los cambios positivos en su comportamiento, para mantener su motivación en la promoción de su salud intestinal a largo plazo.

4. 3 Fases de regeneración

Las fases de regeneración son esenciales para la salud mental y la función intestinal. Un sueño insuficiente, una digestión alterada y la falta de descanso afectan el sistema nervioso, el equilibrio hormonal y el sistema inmunológico, lo que puede resultar en déficits físicos y cognitivos. El estrés agrava estos efectos negativos al inhibir la digestión y perturbar los procesos de regeneración. Un sueño adecuado, especialmente el sueño profundo, es crucial para la regulación hormonal y el metabolismo. La calma digestiva a través de la alimentación consciente y la gestión del estrés promueve la regeneración del tracto gastrointestinal. Fases de recuperación específicas tras el esfuerzo físico y mental optimizan el rendimiento y previenen el sobreesfuerzo. Descubra en este capítulo cómo puede diseñar eficazmente sus fases de regeneración y así fortalecer de manera sostenible su salud mental y función intestinal.

Un sueño profundo suficiente, un descanso digestivo y fases de recuperación son esenciales para la regeneración del cuerpo y la mente, promoviendo así la salud del cerebro y del intestino.

Optimización del sueño

El sueño es esencial para el funcionamiento del cerebro y del cuerpo en su totalidad, influye en el metabolismo y regula el apetito [s127]. Las fases de sueño profundo, que ocurren principalmente en el primer tercio de la noche, son especialmente regenerativas [s127]. Los trastornos del sueño conducen a una mayor actividad del sympathischen_nervensystems y del eje hipotálamo-hipófisis, con consecuencias a corto plazo como una mayor reactividad al estrés, molestias físicas, carga emocional y déficits cognitivos [s127]. A largo plazo, pueden surgir hipertensión, síndrome metabólico y diabetes tipo 2 [s127]. Los efectos negativos de un sueño deficiente son comparables a los de la falta de sueño, por lo que el tratamiento de los trastornos del sueño es importante [s127]. El sueño influye en la liberación de hormonas, incluyendo la hormona del crecimiento, melatonina, cortisol, leptina y ghrelina, que están todas relacionadas con el sueño y el ritmo circadiano [s128]. La hormona del crecimiento se libera en mayor cantidad durante el sueño, especialmente en el sueño profundo [s128]. La melatonina sigue un fuerte ritmo circadiano y regula el sueño. La ingesta de melatonina puede acelerar el inicio del sueño y prolongar su duración [s128]. Los niveles de cortisol son bajos durante el sueño profundo [s128]. Los trastornos del sueño están asociados con desequilibrios hormonales y problemas metabólicos como el sobrepeso, resistencia a la insulina y diabetes [s128]. Un sueño profundo adecuado es crucial para un metabolismo de glucosa saludable y la sensibilidad a la insulina [s128]. Así, un diseño consciente del dormitorio puede contribuir a mejorar la calidad del sueño. Un ambiente oscuro, una temperatura agradable y evitar dispositivos electrónicos antes de dormir pueden fomentar la producción de melatonina y, por ende, mejorar el sueño.

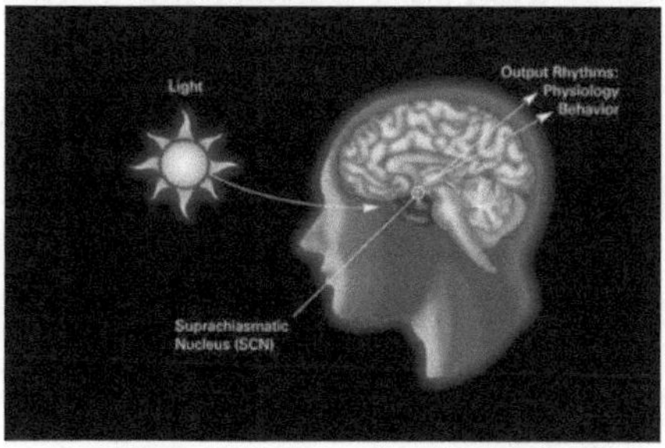

Ritmo circadiano [i40]

sueño NREM [i41]

La alimentación, el ejercicio y la higiene del sueño influyen en la calidad del sueño [s129]. El sueño consiste en fases REM (Movimiento Rápido de los Ojos) y NREM (No Movimiento Rápido de los Ojos). La fase NREM es importante para la formación de la memoria y la recuperación del cerebro [s129]. Los adultos pasan el 75-80% de su tiempo de sueño en la fase NREM, que también es crucial para la recuperación física y el sistema inmunológico [s129]. Un sueño NREM insuficiente puede llevar a trastornos del sueño, que se asocian con enfermedades como enfermedades cardiovasculares y depresión [s129]. Una dieta equilibrada con tryptophan, melatonina y serotonin puede mejorar la calidad del sueño [s129]. Los carbohidratos con bajo índice glucémico y alto contenido de fibra son beneficiosos, mientras que muchas grasas saturadas y carbohidratos refinados pueden ser perjudiciales [s129]. El ejercicio regular, especialmente de moderado a intenso, mejora la calidad del sueño y puede aliviar los trastornos del sueño [s129]. Sustancias como la cafeína, el alcohol y la nicotina afectan negativamente el sueño y deben evitarse antes de acostarse [s129].

Actividad de la microbiota intestinal durante el sueño

Correlación entre las fases del sueño y la actividad de la microbiota intestinal.

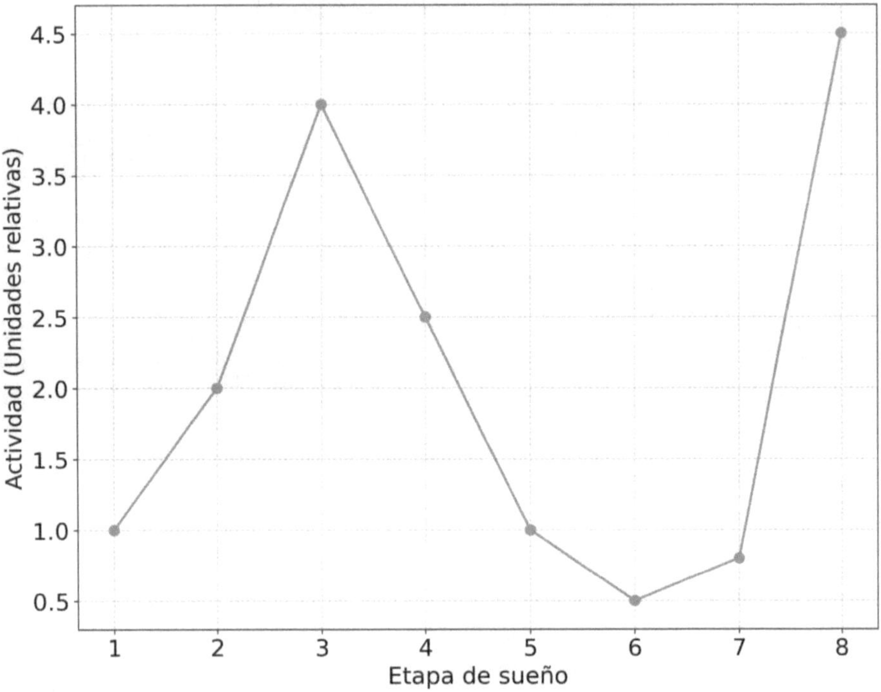

Esta gráfica ilustra los niveles fluctuantes de actividad de la microbiota intestinal a lo largo del ciclo del sueño. El aumento de la actividad durante el sueño profundo sugiere un vínculo entre el sueño reparador y la salud intestinal óptima. La menor actividad durante el sueño REM podría indicar una priorización de las funciones cerebrales sobre los procesos digestivos. Este patrón cíclico refuerza la importancia de un sueño constante para mantener una microbiota intestinal sana.

Descanso digestivo

El descanso digestivo es esencial para la regeneración de todo el organismo, especialmente del tracto gastrointestinal. El estrés afecta el equilibrio fisiológico y perturba la función digestiva. [s130] El estrés crónico activa el simpático, que es responsable de la respuesta de "lucha o huida". Esto inhibe la actividad digestiva, ya que el cuerpo concentra sus recursos en afrontar la situación de estrés. Esto puede llevar a diversas molestias digestivas como hinchazón, estreñimiento o diarrea. La alimentación consciente, en cambio, promueve la actividad del parasimpático, que es responsable de la calma y la regeneración. [s130] A través de la percepción consciente del sabor, la textura y el olor de los alimentos, se apoya óptimamente la digestión. La activación del parasimpático aumenta la producción de jugos digestivos y favorece la absorción de nutrientes. [s130] Por ejemplo, una cena relajada en un ambiente tranquilo, donde uno se concentra completamente en la comida, puede influir positivamente en la digestión y apoyar la regeneración del cuerpo. Los ejercicios de atención plena y técnicas de relajación como la meditación o el yoga también pueden ayudar a reducir el

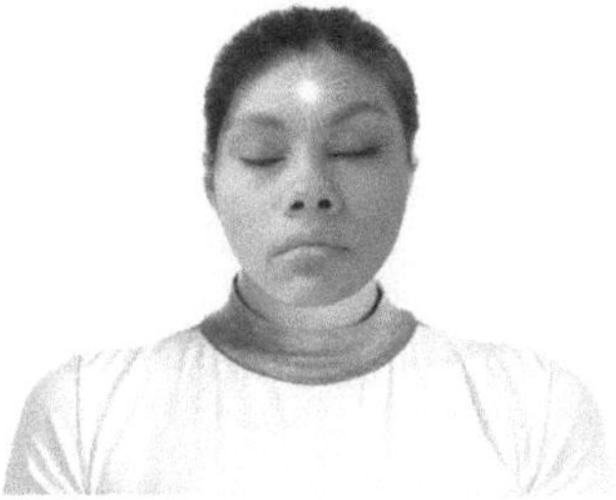

Meditación [i42]

Yoga [i43]

estrés y fomentar el descanso digestivo. Al aprender a percibir y manejar conscientemente los estresores en la vida cotidiana, se puede restaurar el equilibrio entre el simpático y el parasimpático, optimizando así la función digestiva.

Bueno saber

Descanso digestivo

El descanso digestivo juega un papel importante en la salud intestinal y puede influir positivamente en la comunicación entre el intestino y el cerebro al apoyar la recuperación del sistema nervioso y la producción de neurotransmisores en el intestino.

Alimentación consciente

La alimentación consciente puede fomentar el descanso digestivo al activar el parasimpático y así mejorar la comunicación intestino-cerebro. Esto tiene un efecto positivo en la regulación del sistema nervioso y apoya la regeneración.

Parasimpático

El parasimpático, el antagonista del simpático, promueve la digestión y la recuperación. Su activación durante el descanso digestivo fortalece la comunicación intestino-cerebro al normalizar la actividad intestinal y optimizar la absorción de nutrientes que el cerebro necesita.

Simpático

El simpático, una parte del sistema nervioso autónomo, puede activarse en situaciones de estrés y ralentizar la digestión. Esto afecta el eje intestino-cerebro al alterar la transmisión de señales entre el intestino y el cerebro, lo que puede llevar a molestias.

Actividad digestiva a lo largo del día

Conexión cerebro-intestino: descanso y digestión

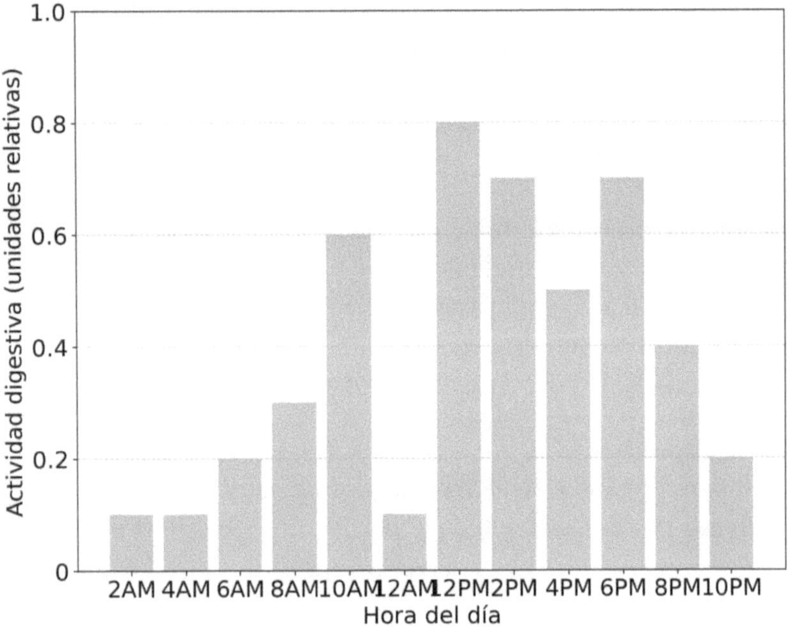

10AM: 10:00 AM	10PM: 10:00 PM
12AM: 12:00 AM	12PM: 12:00 PM
2AM: 2:00 AM	2PM: 2:00 PM
4AM: 4:00 AM	4PM: 4:00 PM
6AM: 6:00 AM	6PM: 6:00 PM
8AM: 8:00 AM	8PM: 8:00 PM

Este gráfico ilustra la naturaleza cíclica de la actividad digestiva, con picos después de las comidas y una menor actividad durante el descanso y el sueño. Los datos sugieren una correlación entre los períodos de alta actividad digestiva y la posible carga cognitiva, lo que destaca la importancia de las comidas equilibradas y el descanso suficiente para una función cerebral óptima. Los períodos constantes de baja actividad durante la noche son cruciales para permitir que el cuerpo se concentre en la reparación y la regeneración.

Tiempos de recuperación

Los tiempos de recuperación son esenciales para la restauración y el mantenimiento del rendimiento físico y mental. Además del sueño y reposo digestivo, que ya se explicaron en la sección anterior, las fases de descanso en el contexto de la actividad física también juegan un papel importante en la regeneración. [s131] Después de períodos de esfuerzo, ya sea por deporte o esfuerzos cotidianos, el cuerpo necesita tiempo para regenerarse y reconstruir las estructuras afectadas. Esta regeneración abarca no solo la musculatura, sino también el sistema nervioso, el equilibrio hormonal y el sistema inmunológico. Una recuperación insuficiente puede llevar a sobrecargas, lesiones y disminución del rendimiento. Por lo tanto, es recomendable integrar activamente las fases de recuperación en la rutina diaria. Esto puede lograrse mediante breves pausas durante el trabajo, ejercicios de relajación o también a través de períodos conscientes de inactividad. [s131] Después de esfuerzos más intensos, por ejemplo, tras el deporte, son necesarias fases de descanso más prolongadas. La duración de estas fases debe ajustarse a la intensidad y duración del esfuerzo. Un aumento gradual de la actividad después de una fase de descanso también es importante para no sobrecargar al cuerpo y prevenir lesiones. [s131] También en el contexto del rendimiento cognitivo, la regeneración es significativa. [s132] Un sueño adecuado, especialmente las fases de sueño necesarias, son esenciales para la regeneración de estructuras neuronales y la formación de la memoria. Se recomienda una duración de sueño de al menos 7 horas por día para mantener las funciones cognitivas. [s132] Al integrar fases de descanso en la vida cotidiana y priorizar un sueño adecuado, se puede optimizar la regeneración y fomentar tanto el rendimiento físico como la capacidad mental.

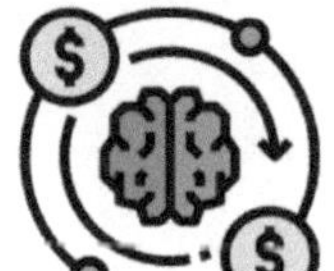

Bueno saber

Capacidad mental

La capacidad mental está estrechamente relacionada con la salud del intestino. Un intestino sano puede influir positivamente en la producción de neurotransmisores, que son importantes para la función cognitiva, y así fomentar la concentración, la memoria y la capacidad mental general.

Estructuras neuronales

La regeneración de estructuras neuronales en el cerebro se apoya en una función intestinal saludable. El intestino produce nutrientes y mensajeros importantes que fomentan el crecimiento y la reparación de las células nerviosas, mejorando así la función cognitiva y el bienestar emocional.

Reposo digestivo

El reposo digestivo permite que el intestino se regenere y cumpla sus funciones de manera óptima. Esto es importante para la absorción de nutrientes, la desintoxicación y el mantenimiento de una flora intestinal saludable, lo que a su vez influye positivamente en la función cerebral.

Tiempo de recuperación e impacto intestino-cerebro

Correlación entre el tiempo de recuperación, el impacto en la salud intestinal y los niveles de estrés.

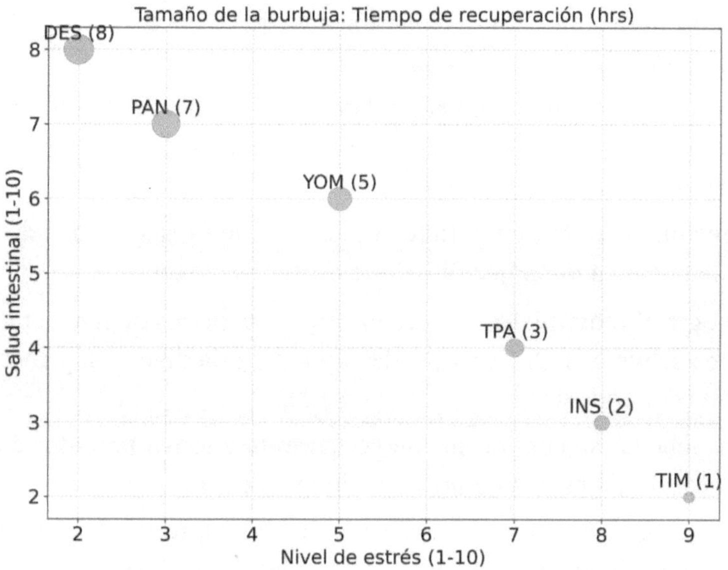

Blasengröße: Tiempo de recuperación (hrs)

DES: Sueño reparador	INS: Sin dormir/Viajando
PAN: Paseos por la naturaleza	TIM: Trabajo intenso
TPA: Tiempo de pantalla	YOM: Yoga y meditación

Los períodos de recuperación más largos generalmente se correlacionan con un impacto más positivo en la salud intestinal, particularmente cuando se controlan los niveles de estrés. Los tiempos de recuperación más cortos, especialmente bajo mucho estrés, parecen afectar negativamente la salud intestinal. Esto sugiere que una recuperación adecuada juega un papel crucial en el mantenimiento de una conexión saludable entre el intestino y el cerebro.

Consejos concretos

- Planifique pequeños períodos de descanso a diario, en los que se concentre conscientemente en su respiración y relaje su abdomen.
- Varíe sus períodos de descanso: a veces una pausa silenciosa, otras veces un estiramiento consciente o una breve meditación.
- Aproveche el poder de la naturaleza: pase su tiempo de regeneración al aire libre para influir positivamente en el eje intestino-cerebro a través del aire fresco y la luz solar.
- Desarrolle un ritual para el final del día: un baño de pies tibio con hierbas relajantes puede favorecer la regeneración del cuerpo y la mente.
- Cree un lugar de tranquilidad: establezca un espacio dedicado únicamente a la relajación y libre de distracciones.
- Integre el movimiento consciente en sus períodos de regeneración: el yoga suave o el Qi Gong pueden armonizar la digestión y calmar el sistema nervioso.
- Escuche las señales de su cuerpo: permítase tomar períodos de descanso tan pronto como sienta fatiga o estrés.
- Conecte sus períodos de regeneración con impresiones sensoriales positivas: la música relajante, los aromas agradables o la luz suave pueden profundizar la relajación.
- Reflexione sobre sus períodos de regeneración: ¿qué le hace sentir especialmente bien? ¿Qué rituales apoyan mejor su salud intestinal y su bienestar mental?

Revisión - 4. Salud mental y función intestinal

La estrecha conexión entre el intestino y el cerebro influye de manera decisiva en su bienestar psicológico y físico. Una flora intestinal equilibrada desempeña un papel fundamental, ya que regula la producción de neurotransmisores como la serotonina y el GABA, que a su vez afectan su estado de ánimo, su sueño y su apetito. Para fomentar esta conexión de manera positiva, puede influir activamente en su salud intestinal y, por ende, en su equilibrio mental. Un primer paso consiste en optimizar sus hábitos alimenticios. Integre alimentos ricos en fibra, como productos integrales, frutas, verduras y legumbres, en su dieta. Estos promueven el crecimiento de bacterias intestinales beneficiosas y apoyan la producción de ácidos grasos de cadena corta, que estimulan la síntesis de serotonina. Además, preste atención a una ingesta adecuada de ácidos grasos omega-3, que se encuentran en pescados grasos, y reduzca el consumo de grasas saturadas. Estas pautas dietéticas pueden ayudarle a influir positivamente en el eje intestino-cerebro y fortalecer su equilibrio emocional.

Además de la alimentación, la gestión del estrés juega un papel importante en su salud intestinal. El estrés crónico puede afectar negativamente la flora intestinal y aumentar la permeabilidad intestinal, lo que puede llevar a inflamaciones y a una comunicación alterada entre el intestino y el cerebro. Para contrarrestar esto, debe integrar regularmente técnicas de relajación en su vida diaria. Ejercicios de atención plena, yoga, meditación o relajación muscular progresiva pueden ayudarle a reducir el estrés y mejorar su percepción corporal. Encuentre el método que mejor se adapte a usted y practíquelo regularmente para beneficiarse a largo plazo de los efectos positivos en su salud intestinal y su bienestar psicológico. No dude en buscar apoyo profesional, como la terapia cognitivo-conductual, si tiene dificultades para manejar el estrés por su cuenta.

Además de una alimentación equilibrada y la gestión del estrés, el ejercicio regular es otro componente importante para un eje intestino-cerebro saludable. La actividad física no solo promueve la circulación y la digestión, sino que también influye positivamente en la composición de su flora intestinal. Integre sesiones de ejercicio moderado, como caminatas, trote, natación o yoga, en su rutina diaria. Solo 30 minutos de actividad moderada al día pueden hacer una diferencia notable. Además, el ejercicio estimula la producción de BDNF, una proteína que promueve el crecimiento de células nerviosas en el cerebro y mejora el rendimiento cognitivo. Sin embargo, asegúrese de aumentar la intensidad y la duración de su entrenamiento gradualmente y de permitir que su cuerpo tenga suficiente tiempo de recuperación para evitar el sobreesfuerzo.

Finalmente, un sueño adecuado y reparador es esencial para la regeneración de su cuerpo y su mente. Los trastornos del sueño pueden interrumpir la comunicación entre el intestino y el cerebro y provocar desequilibrios hormonales. Preste atención a una higiene del sueño regular, como mantener un horario de sueño fijo, oscurecer su dormitorio y evitar dispositivos electrónicos antes de acostarse. Establezca una rutina relajante por la noche que le ayude a calmarse y prepararse para dormir. Una alimentación equilibrada, ejercicio regular y técnicas de relajación también pueden contribuir a mejorar la calidad de su sueño. La implementación de estas recomendaciones puede parecer desafiante al principio, pero con paciencia y perseverancia, puede fortalecer de manera sostenible su salud intestinal y su bienestar psicológico. Invierta en su salud: ¡vale la pena!

5. Cuidado holístico del cuerpo y el cerebro

¿Alguna vez se ha preguntado por qué algunas personas, incluso en la vejez, permanecen vitales y mentalmente ágiles? La respuesta radica en la fascinante interacción entre la actividad física y la salud mental. La investigación moderna muestra que nuestro cerebro y nuestro cuerpo funcionan como una unidad: lo que beneficia a uno, también fortalece al otro. Al cuidar de manera específica esta conexión, podemos mejorar de manera sostenible nuestra calidad de vida. En este capítulo, descubrirá los componentes clave para un sistema cuerpo-cerebro equilibrado y aprenderá cómo integrar estos conocimientos de manera provechosa en su vida diaria.

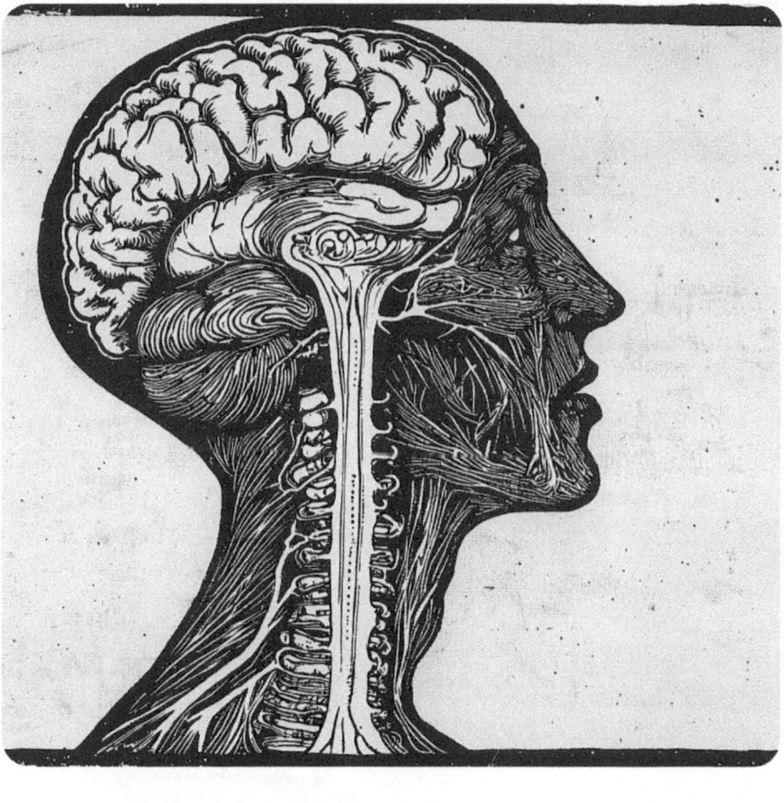

5. 1 Integración del movimiento

La integración del movimiento es un componente central del cuidado holístico del cuerpo y el cerebro. La actividad física no solo influye en la digestión y la salud intestinal, sino que también tiene un efecto positivo en las funciones cognitivas y el desarrollo neuronal. La dosis y el tipo adecuados de movimiento pueden regular el microbioma intestinal, reducir la inflamación y promover la producción de neurotransmisores importantes. Por el contrario, las cargas inadecuadas pueden alterar el equilibrio y provocar problemas de salud. Descubra a continuación cómo el movimiento dirigido fortalece su conexión intestino-cerebro y mejora su bienestar de manera sostenible.

El movimiento, especialmente los ejercicios coordinativos como el baile, no solo promueve la condición física, sino que también fortalece la conexión intestino-cerebro a través de la mejora de la interacción entre los músculos, los órganos sensoriales y el cerebro, y por lo tanto, la salud cognitiva y emocional.

Ejercicios que promueven la digestión

La actividad física influye en la salud intestinal y la digestión. El entrenamiento regular tiene un efecto positivo en la composición de la flora intestinal (mikrobiota) y puede promover la salud general del sistema digestivo [s133]. El movimiento, especialmente a baja intensidad, puede reducir el tiempo que los patógenos están en contacto con la mucosa intestinal. Esto puede disminuir el riesgo de ciertas enfermedades como el cáncer de colon o enfermedades inflamatorias intestinales [s133]. Sin embargo, se debe tener en cuenta la intensidad del entrenamiento: los excesos pueden llevar a una mayor permeabilidad intestinal y, por lo tanto, aumentar el riesgo de problemas gastrointestinales [s133]. Un entrenamiento moderado y a largo plazo, en cambio, fortalece el sistema inmunológico al estimular la producción de inmunoglobulina A (IgA) y apoya las bacterias beneficiosas en el intestino. Esto mejora la protección contra infecciones [s133]. La actividad deportiva también promueve la producción de kurzkettiger_fettsaeuren_scfas por parte de la flora intestinal. Estos SCFAs son importantes para la regulación del metabolismo y el fortalecimiento del sistema inmunológico [s133]. Sin embargo, el entrenamiento de alta intensidad también puede tener efectos negativos en la flora intestinal. Puede provocar un desequilibrio (disbiosis) que favorece la inflamación en el intestino y afecta la salud [s133]. Para proteger la flora intestinal durante fases de entrenamiento intensivo y promover la recuperación, puede ser útil la ingesta adicional de probiotika y praebiotika [s133]. Un plan de entrenamiento equilibrado con carga moderada y suficientes fases de recuperación, combinado con una dieta saludable, contribuye significativamente a una digestión óptima y a un intestino sano. En lugar de realizar un entrenamiento de alta intensidad todos los días, podría considerar un entrenamiento moderado en dos días a la semana, comparado con un entrenamiento en intervalos, e incorporar actividad ligera como caminatas o yoga en los días restantes.

Eficacia de los ejercicios para mejorar la digestión

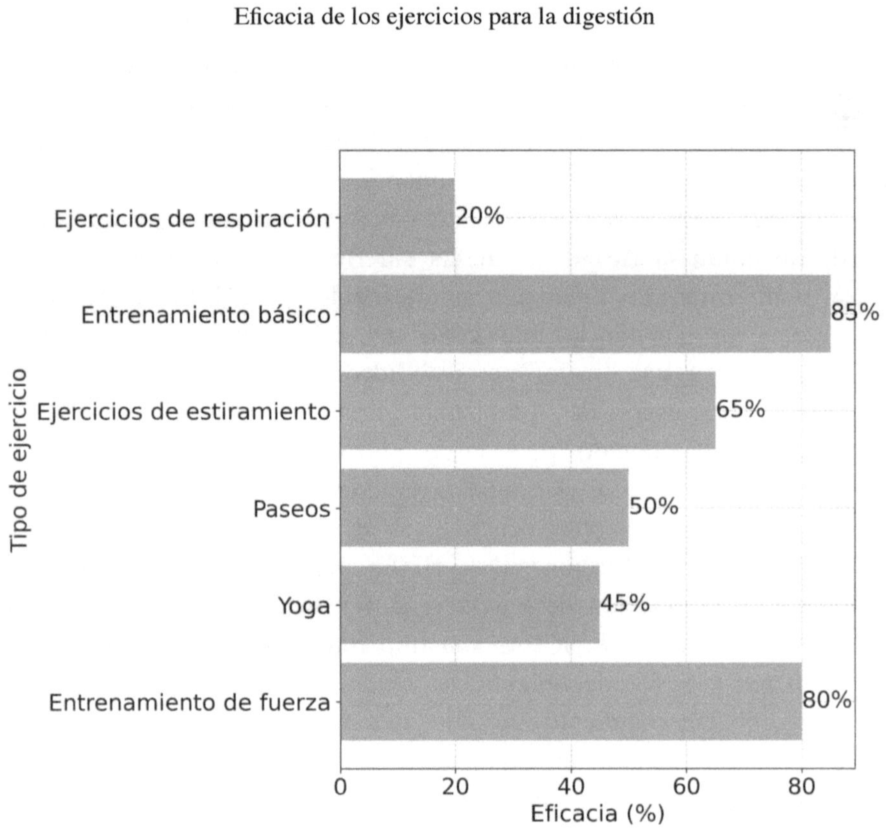

BAS: Entrenamiento básico
FUE: Entrenamiento de fuerza
RES: Ejercicios de respiración
EST: Ejercicios de estiramiento
PAS: Paseos
YOG: Yoga

El gráfico de barras horizontales ilustra la eficacia relativa de diferentes tipos de movimiento para promover la digestión. El yoga y los ejercicios de respiración muestran la mayor eficacia, seguidos de los paseos. Los ejercicios de estiramiento y el entrenamiento básico tienen un efecto moderado, mientras que el entrenamiento de fuerza tiene el menor impacto en la digestión.

Movimiento que activa el cerebro

El movimiento que activa el cerebro abarca actividades físicas que influyen positivamente en la comunicación entre el intestino y el cerebro, mejorando así las funciones cognitivas. Actividades aeróbicas, como correr o nadar, tienen un efecto beneficioso sobre la composición del microbioma intestinal, aumentando la diversidad y el número de bacterias, especialmente del phylum Firmicutes [s134]. Estos cambios microbianos están relacionados con una mejora en la función intestinal y cerebral [s134]. Un microbioma diverso produce una mayor variedad de metabolitos, incluidas las grasas de cadena corta (SCFAs), que sirven como fuente de energía para la mucosa intestinal y regulan los procesos inflamatorios. Los SCFAs como el butirato pueden atravesar la barrera hematoencefálica y ejercer efectos neuroprotectores en el cerebro, estimulando, por ejemplo, la producción de factores de crecimiento que son importantes para la supervivencia de las neuronas. El entrenamiento aeróbico regular podría, por lo tanto, contribuir a una mejor capacidad cognitiva, un estado de ánimo elevado y un menor riesgo de enfermedades neurodegenerativas mediante la modulación positiva del microbioma intestinal. Además, el ejercicio influye en la regulación de la serotonina, un neurotransmisor que juega un papel importante en la regulación del estado de ánimo y el manejo del estrés [s134]. Un paseo por el parque, combinado con una respiración consciente, puede no solo promover la condición física, sino también la salud mental. El aumento de los niveles de serotonina inducido por el ejercicio puede aliviar síntomas relacionados con el estrés, como la ansiedad y los estados de ánimo depresivos, y aumentar el bienestar general. La integración de ejercicio regular en la vida cotidiana representa, por lo tanto, una estrategia efectiva para influir positivamente en el eje intestino-cerebro y optimizar tanto la salud física como mental.

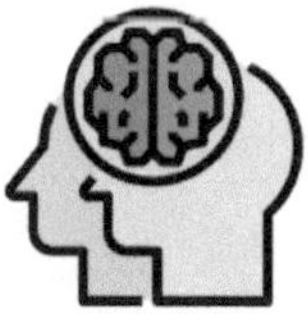

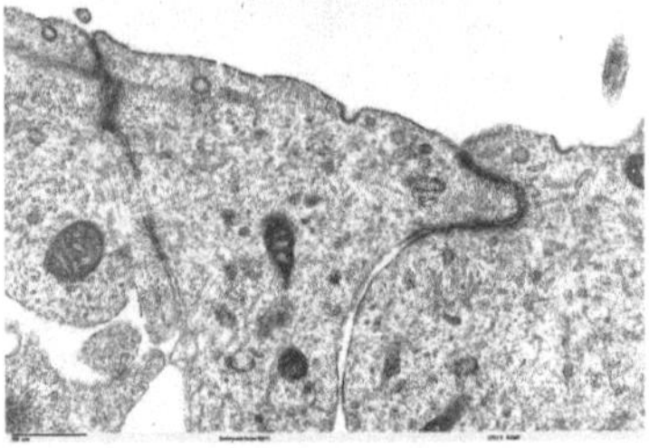

Barrera hematoencefálica [i44]

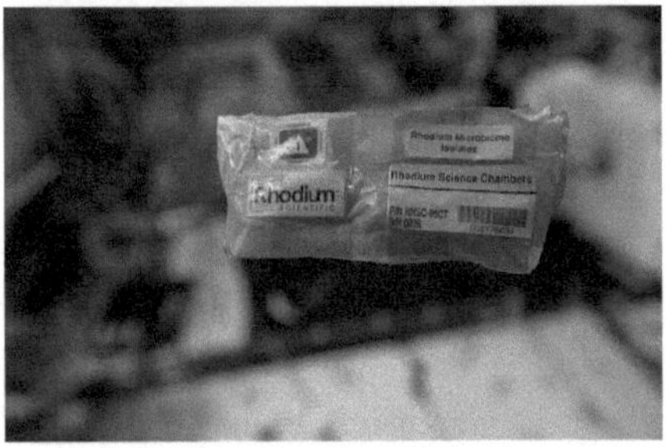

microbiota intestinal [i45]

Bueno saber

Actividades aeróbicas

Formas de movimiento como correr, nadar o andar en bicicleta, que aumentan la absorción de oxígeno y pueden influir positivamente en la salud intestinal al promover el crecimiento de bacterias beneficiosas y estimular la producción de ácidos grasos de cadena corta, que a su vez apoyan la función cerebral.

Neuroprotector

Se refiere al efecto protector sobre las células nerviosas. El ejercicio puede desencadenar efectos neuroprotectores en el cerebro al promover metabolitos en el intestino, como el butirato, contribuyendo así a un menor riesgo de enfermedades neurodegenerativas.

Phylum Firmicutes

Un grupo de bacterias que se encuentra comúnmente en el intestino humano y que puede ser influenciado positivamente por actividades aeróbicas. Un mayor porcentaje de Firmicutes está relacionado con una mejor salud intestinal y puede promover la producción de ácidos grasos de cadena corta, que a su vez apoyan la función cerebral.

Activación Cerebral a Través del Movimiento

Correlación entre la intensidad del movimiento y la activación cerebral relacionada con el eje intestino-cerebro.

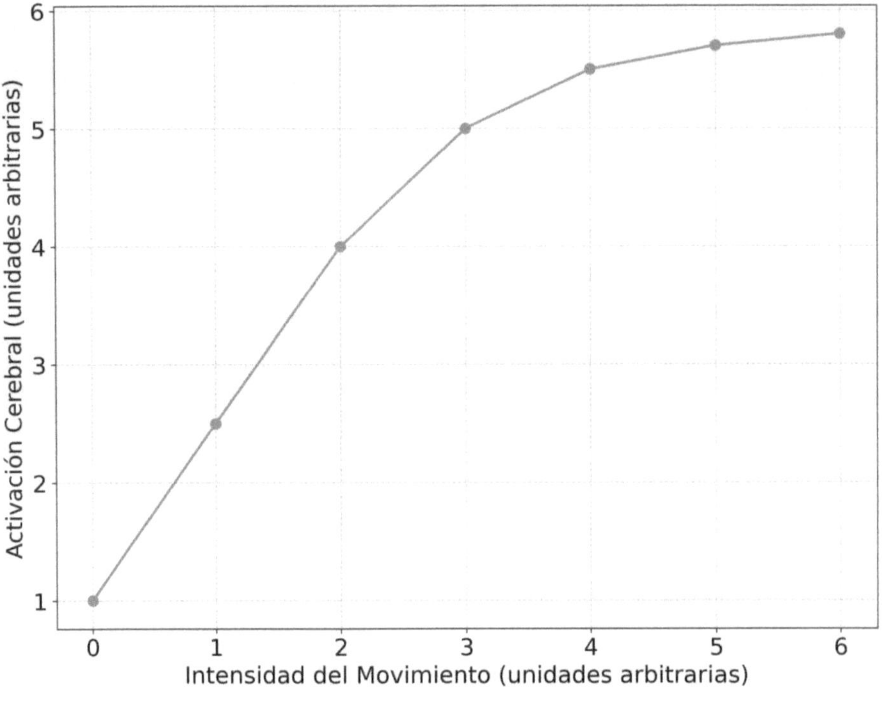

Los datos sugieren una correlación positiva entre la intensidad del movimiento y la activación cerebral en áreas asociadas con el eje intestino-cerebro. El aumento del movimiento parece estimular estas regiones del cerebro, lo que podría influir en la función intestinal y el bienestar general. Sin embargo, más allá de cierta intensidad, la activación se estabiliza, lo que sugiere un rango óptimo para obtener efectos beneficiosos.

Promoción de la coordinación

La promoción de la coordinación tiene un efecto positivo en la salud física y mental, y juega un papel importante en el desarrollo y mantenimiento de las funciones neurológicas. Influye en la afinación de movimientos complejos y fomenta la interacción entre músculos, órganos sensoriales y el cerebro. Esta interacción no solo es esencial para actividades cotidianas como caminar, agarrar o escribir, sino también para el rendimiento deportivo y formas de expresión artística como el baile. Por ejemplo, bailar requiere una alta coordinación intermúscular, es decir, la interacción precisa de diferentes grupos musculares para realizar movimientos fluidos y armónicos. Al mismo tiempo, promueve la coordinación intramuscular, el control de las fibras musculares individuales dentro de un músculo, para optimizar la fuerza y la resistencia. Además, bailar fortalece la integración sensorial, la capacidad del cerebro para procesar información de diferentes órganos sensoriales como los ojos, los oídos y el órgano del equilibrio, y convertirla en movimientos coordinados. Así, el entrenamiento regular de baile no solo puede mejorar la condición física, sino también influir positivamente en las habilidades cognitivas y el bienestar emocional. La sincronización neuronal promovida por el baile refleja la comunicación eficiente entre diferentes áreas del cerebro. Esta comunicación mejorada puede manifestarse en una mayor capacidad de concentración, una mejor memoria y una mayor resistencia al estrés. También en niños con marcha en puntas de pies idiopática, un trastorno de la marcha en el que los niños caminan predominantemente sobre las puntas de los pies, la promoción de la coordinación podría desempeñar un papel terapéutico importante. Aquí se sospecha que una dysbiose del microbiota intestinal, un trastorno del equilibrio de las bacterias intestinales, afecta la producción de neurotransmisores que son importantes para el control motor. A través de medidas específicas para restaurar una flora intestinal saludable, como una dieta adecuada y ejercicio regular, se podría influir positivamente en el desarrollo motor y reducir la marcha en puntas de pies. El desarrollo motor de los niños está estrechamente relacionado con el procesamiento sensorial y la coordinación, que pueden ser influenciados por la microbiota. Una flora intestinal equilibrada puede apoyar el desarrollo del sistema nervioso y la maduración de las habilidades motoras. Así, una consideración holística de la nutrición, el ejercicio y la salud intestinal tiene un efecto positivo en la capacidad de coordinación y el bienestar general.

Bueno saber

Coordinación intermúscular

La coordinación intermúscular juega un papel importante en el control del movimiento y puede ser influenciada por la salud intestinal. Una flora intestinal saludable puede mejorar la función nerviosa y la coordinación muscular, optimizando así la coordinación intermúscular.

Coordinación intramuscular

La coordinación intramuscular, que controla la afinación de la actividad de las fibras musculares dentro de un músculo, puede ser influenciada por la salud intestinal. Una flora intestinal equilibrada puede mejorar las señales nerviosas a los músculos, promoviendo así la coordinación intramuscular y el rendimiento muscular.

Impacto del ejercicio en la conexión intestino-cerebro

Impacto de varios ejercicios en la motilidad intestinal y el estado de ánimo, categorizados por intensidad.

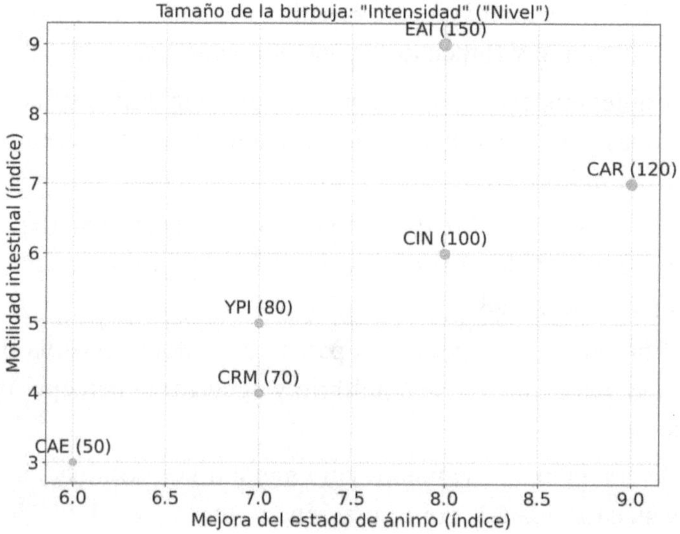

Blasengröße: Intensidad (Nivel)

CAE: Caminar y estirar

CIN: Ciclismo y natación

EAI: Entrenamiento por intervalos de alta intensidad

CAR: Correr y trotar

CRM: Relajación de mente y cuerpo

YPI: Yoga y Pilates

Los ejercicios de alta intensidad muestran un fuerte impacto positivo tanto en el estado de ánimo como en la motilidad intestinal, potencialmente debido al aumento del flujo sanguíneo y la estimulación del nervio vago. Los ejercicios de baja intensidad también benefician el estado de ánimo, pero muestran un menor impacto en la motilidad intestinal. Los ejercicios de mente y cuerpo demuestran un efecto positivo significativo en el estado de ánimo y un efecto moderado en la motilidad intestinal, lo que sugiere un fuerte vínculo entre el bienestar mental y la salud digestiva. En general, la actividad física regular, independientemente de la intensidad, parece beneficiosa para la conexión intestino-cerebro.

Consejos concretos

- Conecte movimientos cotidianos con una respiración consciente para fortalecer la conexión intestino-cerebro.
- Integre superficies "inestables" como un cojín de equilibrio o una balanza en su vida diaria para desafiar de manera lúdica su capacidad de coordinación y fomentar la conexión neuronal.
- Bailar mientras cocina o se cepilla los dientes: utilice situaciones cotidianas para movimientos rítmicos que mejoren su coordinación y estado de ánimo.
- Caminar descalzo sobre diferentes superficies como hierba, arena o piedras para fortalecer los músculos del pie y promover la percepción sensorial.
- Equilibre mientras espera en la parada del autobús o habla por teléfono, para entrenar su equilibrio y agudizar la percepción corporal.
- Jongle con pelotas o pañuelos para mejorar su coordinación mano-ojo y su capacidad de concentración.
- Muévase mientras lee o ve televisión sobre una pelota de gimnasia, para dinamizar su postura y activar la musculatura profunda.
- Aprenda una nueva forma de movimiento como Tai-Chi o slacklining, para desafiar su capacidad de coordinación y crear nuevas conexiones neuronales.
- Incorpore pequeños ejercicios de equilibrio en su vida diaria, por ejemplo, manteniéndose en un pie mientras se cepilla los dientes.
- Entrene su motricidad fina abrochando botones con la "mano equivocada" o usando palillos para recoger pequeños objetos.

5. 2 Optimización del metabolismo

La optimización del metabolismo es un componente central del cuidado holístico del cuerpo y el cerebro. Un metabolismo funcional influye en la provisión de energía, la absorción de nutrientes y los procesos de desintoxicación, que están estrechamente relacionados con la salud intestinal y la composición del microbioma. Las disfunciones pueden llevar a una variedad de problemas, desde la falta de energía hasta enfermedades metabólicas. Descubra en este capítulo cómo puede influir positivamente en su metabolismo a través de medidas específicas y fortalecer su salud de manera sostenible.

Una flora intestinal saludable, promovida especialmente por una dieta rica en fibra, es la clave para la optimización del metabolismo, ya que influye positivamente en la provisión de energía, la absorción de nutrientes y los procesos de desintoxicación en el cuerpo.

Apoyo a la desintoxicación

El apoyo a los procesos de desintoxicación del cuerpo se centra principalmente en la salud del intestino y el hígado. En el intestino, las fibras dietéticas juegan un papel crucial. Sirven como alimento para las bacterias intestinales (microbiota) y fomentan su crecimiento y diversidad [s135] [s136] [s137]. A través de la fermentación de las fibras, las bacterias producen ácidos grasos de cadena corta como butyrat, propionat y acetato, que a su vez regulan el metabolismo energético y el control del apetito [s135] [s137]. Una dieta rica en fibras, como la que se logra con la dieta DASH, que incluye muchas frutas, verduras y granos enteros, puede reducir el riesgo de enfermedades metabólicas y problemas cardiovasculares [s136] [s137]. Además de las fibras, los polifenoles, que se encuentran en muchos alimentos vegetales, apoyan la salud de la microbiota intestinal al promover el crecimiento de bacterias beneficiosas [s136]. Una mezcla de fibras solubles e insolubles estabiliza los niveles de azúcar en sangre y tiene un efecto positivo en la salud intestinal [s138]. Además de una dieta rica en fibras, una dieta vegana también puede influir positivamente en la salud intestinal al fomentar el crecimiento de bacterias beneficiosas y aumentar la producción de ácidos grasos de cadena corta [s136]. El hígado, como órgano central de desintoxicación, se beneficia de una reducción en la ingesta de fructosa y azúcar, así como de una adecuada hidratación [s138]. La reducción de toxinas ambientales también alivia al hígado y puede mejorar la sensibilidad a la insulina [s138]. La microbiota en el intestino no solo metaboliza fibras, sino también fitonutrientes como los polifenoles y modifica ácidos biliares, lo que tiene efectos sobre la digestión y el metabolismo [s135]. probiotika y praebiotika pueden ser utilizados de manera específica para modular la flora intestinal y promover el crecimiento de bacterias beneficiosas [s139]. Los probióticos, que se encuentran en alimentos fermentados como el yogur o el chucrut,

pueden equilibrar la microbiota, mientras que los prebióticos, que se encuentran en alimentos como cebollas, ajo y plátanos, estimulan el crecimiento de bacterias beneficiosas [s136] [s139].

Bueno saber

Ácidos biliares

Los ácidos biliares son modificados en el intestino por la microbiota. Esta modificación influye en la absorción de nutrientes y el metabolismo, lo que puede tener efectos en la comunicación entre el cerebro y el intestino.

Fitonutrientes

Los fitonutrientes, también conocidos como compuestos vegetales secundarios, son metabolizados por la flora intestinal e influyen en la señalización entre el intestino y el cerebro, lo que puede afectar el metabolismo.

Vías de Apoyo a la Desintoxicación

Distribución de las vías de desintoxicación que impactan el eje intestino-cerebro.

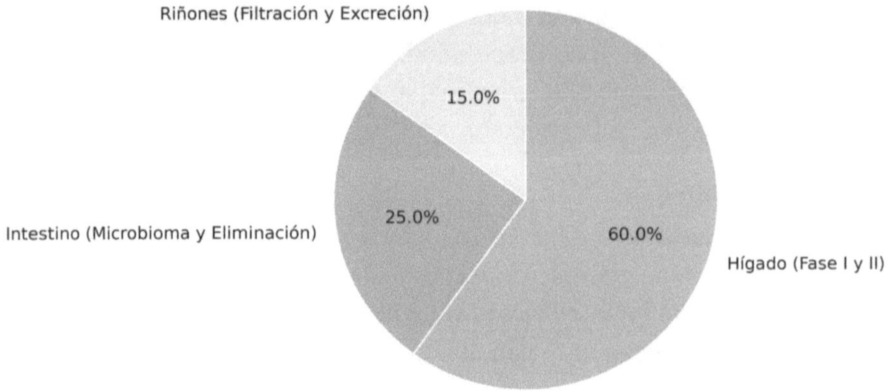

- HIG: Hígado (Fase I y II)
- INT: Intestino (Microbioma y Eliminación)
- RIN: Riñones (Filtración y Excreción)

Este gráfico destaca la interconexión de las vías de desintoxicación. Si bien el hígado juega un papel dominante, el intestino y los riñones también contribuyen significativamente a la desintoxicación general. Apoyar estas vías de manera integral puede ser crucial para la salud óptima del intestino y el cerebro. Un desequilibrio en estas vías puede manifestarse de diversas maneras, impactando tanto el bienestar físico como el mental.

Mejorar la absorción de nutrientes

La eficiencia de la absorción de nutrientes depende en gran medida de la compleja interacción entre el intestino, la microbiota y el sistema nervioso. Los microorganismos asentados en el intestino no solo producen ácidos grasos de cadena corta, sino también neurotransmitter como la serotonina, que regulan la absorción de nutrientes a través del nervio vago, un importante eje de comunicación entre el intestino y el cerebro [s140]. Esta regulación también ocurre mediante la comunicación directa de la microbiota con el sistema nervioso entérico, que también está conectado al sistema nervioso central [s140]. Además de la producción de neurotransmisores, la flora intestinal también influye en la conversión metabólica de polifenoles, lo que aumenta su biodisponibilidad y, por ende, la absorción de estos valiosos micronutrientes [s141]. La estructura de los polifenoles y la composición de la microbiota influyen en la tasa de descomposición y los beneficios para la salud [s141]. También bebidas como el café pueden influir en la absorción de nutrientes. El café actúa, entre otras cosas, de manera antioxidante y antiinflamatoria sobre la mucosa intestinal y afecta la motilidad intestinal, lo que a su vez puede impactar la absorción de nutrientes [s142]. Además, el café altera la composición de la flora intestinal, otro factor que modula la absorción de nutrientes [s142]. La forma de preparación del café influye en los compuestos bioactivos presentes y sus efectos [s142].

La estimulación del nervio vago puede influir en la absorción de nutrientes y el metabolismo mediante la regulación de varias hormonas que controlan, entre otras cosas, la ingesta de alimentos, el vaciamiento gástrico y el control del peso a largo plazo [s143]. Prácticas como la meditación o el yoga pueden aumentar el tono vagal y así influir positivamente en la absorción de nutrientes y la regulación del metabolismo [s143]. La interacción entre la microbiota y la dieta es crucial para la absorción de nutrientes y la transmisión de señales entre el intestino y el cerebro, que a su vez regula la homeostasis energética [s144]. También el momento de la ingesta de alimentos influye en la microbiota y su actividad metabólica, lo que afecta la absorción de nutrientes y la sensación de saciedad [s144].

Bueno saber

Compuestos bioactivos

Los compuestos bioactivos son sustancias que se encuentran en los alimentos y pueden tener efectos positivos en la salud. Pueden influir en la salud intestinal, la función cerebral y el metabolismo.

Homeostasis energética

La homeostasis energética describe el equilibrio entre la ingesta y el consumo de energía en el cuerpo. La comunicación entre el intestino y el cerebro juega un papel importante en la regulación de la homeostasis energética, controlando el hambre y la saciedad.

Optimización de la Absorción y el Metabolismo de Nutrientes

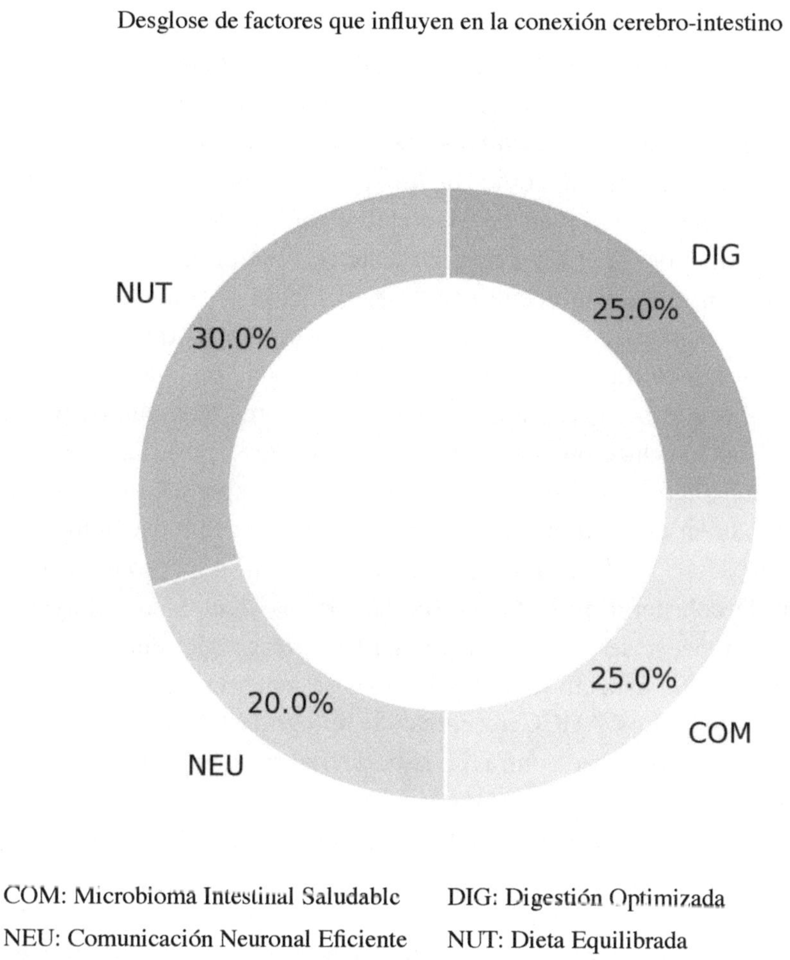

Si bien una dieta equilibrada (NUT) juega un papel importante, la digestión optimizada (DIG) es crucial para la biodisponibilidad de nutrientes. Un microbioma intestinal sano (COM) mejora aún más la absorción de nutrientes y la producción de neurotransmisores esenciales. Finalmente, una comunicación neuronal eficiente (NEU) asegura que estos beneficios lleguen al cerebro, destacando la interconexión de estos factores para apoyar la función cognitiva y el bienestar general.

Suministro de energía

El suministro de energía del cuerpo está estrechamente relacionado con la salud intestinal y la composición de la flora intestinal. Los ácidos grasos de cadena corta (AGCC), que se generan a través de la fermentation bacteriana de fibras en el colon, sirven como fuente principal de energía para las células intestinales e influyen en el metabolismo de todo el organismo [s145] [s146]. Los AGCC, especialmente el butirato, propionato y acetato, actúan como moléculas de señalización e interactúan con receptores en el intestino, que a su vez liberan hormonas que regulan el apetito y la sensibilidad a la insulina [s146]. Así, una dieta rica en fibra, como la que incluye granos enteros, legumbres y verduras, puede promover la producción de AGCC y afectar positivamente el metabolismo energético. Además de regular el apetito, los AGCC también modulan el metabolismo de la glucosa y los lípidos. Inhiben la lipólisis, es decir, la descomposición del tejido graso y promueven la absorción de colesterol en el hígado [s146]. Estos efectos contribuyen a la energiehomoeostase y pueden reducir el riesgo de enfermedades metabólicas. Otro aspecto del suministro de energía se refiere a la barrera intestinal. Los AGCC refuerzan la integridad de esta barrera y protegen contra la entrada de sustancias nocivas que pueden provocar inflamaciones y trastornos metabólicos [s145] [s146]. Una barrera intestinal intacta optimiza la absorción de nutrientes y previene una disbiosis, un desequilibrio de la flora intestinal, que puede afectar negativamente el suministro de energía [s145]. La composición individual de la flora intestinal juega un papel crucial en la utilización de la energía de los alimentos [s147]. Por lo tanto, los planes de alimentación personalizados que consideran la composición individual de la mikrobiota pueden optimizar el suministro de energía.

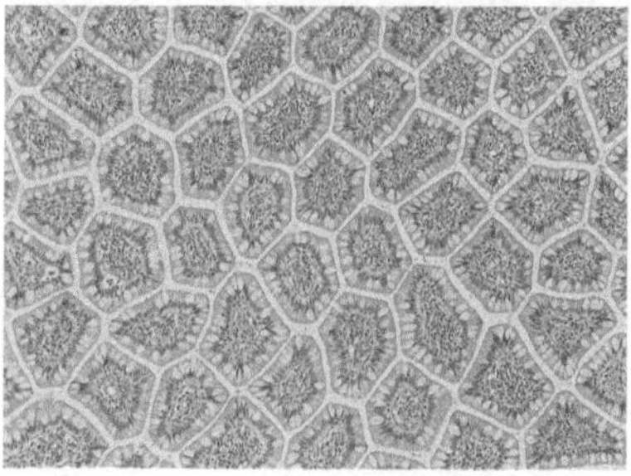

vellosidades intestinales [i46]

Fuentes de energía para la función cerebral

Impacto del eje intestino-cerebro en el suministro de energía

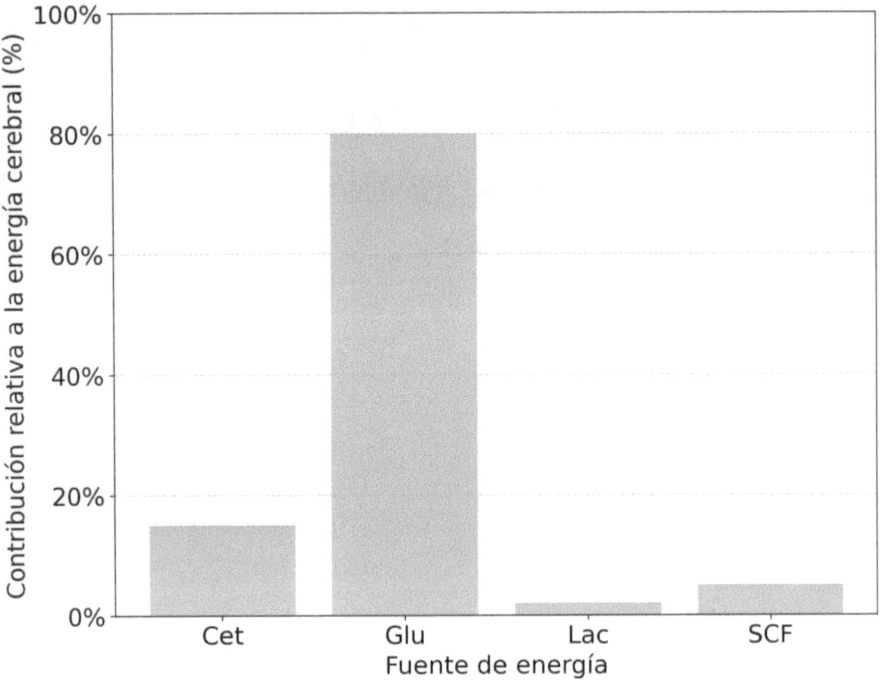

Cet: Cetonas

Glu: Glucosa

Lac: Lactato

SCF: AGCC (p. ej., butirato)

El cerebro depende en gran medida de la glucosa como principal fuente de combustible en condiciones normales. Las cetonas proporcionan una vía energética alternativa, especialmente relevante durante los períodos de ayuno o bajo consumo de carbohidratos. El microbioma intestinal puede influir en la disponibilidad y utilización tanto de la glucosa como de las cetonas, destacando la interconexión del eje intestino-cerebro para mantener un metabolismo energético cerebral óptimo. Las variaciones en los niveles de ácidos grasos de cadena corta (AGCC) sugieren un papel potencial del microbioma intestinal en la modulación de la homeostasis energética cerebral.

Consejos concretos

- Aumente su actividad metabólica mediante estímulos de temperatura alternos, como duchas de contraste o sesiones de sauna.
- Beba por la mañana un vaso de agua tibia con jugo de limón recién exprimido y una pizca de pimienta de cayena para activar su metabolismo.
- Incorpore alimentos amargos como achicoria o rúcula en su dieta para estimular la producción de jugos digestivos y favorecer el metabolismo.
- Mastique su comida de manera especialmente minuciosa para optimizar la absorción de nutrientes y el metabolismo.
- Consuma alimentos ricos en proteínas en cada comida para aprovechar el efecto termogénico de los alimentos y activar su metabolismo.
- Beba té verde para promover la quema de grasa y el metabolismo.
- Realice actividad física regularmente al aire libre para aumentar su metabolismo y producción de energía.
- Experimente con el ayuno intermitente para activar su metabolismo y fomentar la renovación celular.
- Asegúrese de tener un suministro adecuado de yodo, ya que el yodo es esencial para la producción de hormonas tiroideas que regulan el metabolismo.
- Pase tiempo al sol para estimular la producción de vitamina D, que también influye en el metabolismo.
- Aprenda a interpretar sus señales metabólicas individuales y ajuste su dieta y estilo de vida en consecuencia.
- Cree una conexión positiva entre cuerpo y mente a través de la meditación o el yoga para influir positivamente en el metabolismo.

5. 3 Estrategias de prevención

Las estrategias de prevención constituyen una parte central del cuidado holístico del cuerpo y el cerebro. Los desequilibrios en el microbioma, las enfermedades crónicas y las anomalías neuronales pueden afectar la conexión intestino-cerebro y tener consecuencias de gran alcance para la salud. Por lo tanto, la detección temprana de factores de riesgo y la implementación de medidas individuales son esenciales. Esta sección destaca la importancia de los chequeos de salud regulares, la identificación temprana de señales de advertencia y las medidas preventivas concretas para una saludable conexión intestino-cerebro. Descubra cómo puede influir activamente en su salud y protegerla a largo plazo.

La prevención integral para la salud intestino-cerebral requiere la combinación de chequeos de salud regulares, el reconocimiento temprano de señales del cuerpo y la implementación de un estilo de vida preventivo que considere tanto medidas médicas como hábitos de vida saludables.

Controles de salud regulares

Los controles de salud regulares son la base para la detección temprana y el manejo de factores de riesgo que afectan la conexión cerebro-intestino. Se presta especial atención al control de enfermedades crónicas como la hipertensión, la diabetes y los niveles elevados de colesterol. Las visitas anuales al médico permiten la identificación temprana de la hipertensión, incluso cuando aún no se presentan síntomas evidentes [s148]. Esto es relevante, ya que la hipertensión puede llevar a accidentes cerebrovasculares y afectar la salud cognitiva [s148] [s149]. El monitoreo regular de los niveles de glucosa en sangre mediante la prueba A1C, que refleja el promedio de los últimos tres meses, es otro componente importante de la prevención de la salud [s150]. Además, las mediciones regulares de colesterol proporcionan información valiosa para evaluar y minimizar el riesgo de enfermedades cardíacas [s150]. Estos controles no solo sirven para la detección temprana, sino que también ofrecen la oportunidad de desarrollar estrategias de tratamiento y prevención personalizadas. Por ejemplo, si es necesario, se pueden iniciar terapias farmacológicas para regular la glucosa en sangre, la presión arterial y el colesterol [s150]. Además, los controles de salud brindan la oportunidad de observar y, si es necesario, ajustar los efectos de la dieta y el microbioma en la salud mental [s151]. Un cambio en la dieta con un aumento en la ingesta de pescado y ácidos grasos omega-3 puede tener un efecto preventivo contra la ansiedad y la depresión [s151]. La integración de probióticos, prebióticos, simbióticos y enfoques postbióticos en los controles de salud también ofrece potencial para mejorar la salud mental [s151]. Un ejemplo de esto es el consumo de yogures probióticos para influir positivamente en la flora intestinal. Además, las transplantes de microbiota fecal podrían representar en el futuro un método de tratamiento prometedor para la ansiedad y la depresión, y por lo tanto deberían ser incluidos en las estrategias de salud

preventiva [s151]. La regulación de 5-hidroxitriptófano (5-HTP) también juega un papel en la prevención y tratamiento de estas enfermedades [s151]. Además de las medidas médicas, los hábitos de vida saludables, especialmente una dieta equilibrada y ejercicio regular, son esenciales para el control de la diabetes y la salud cardíaca [s150].

Bueno saber

Enfermedades crónicas

Las enfermedades crónicas como la diabetes o la hipertensión pueden afectar negativamente la salud intestinal y, por ende, la conexión cerebro-intestino. Un tratamiento cuidadoso de estas enfermedades es importante para reducir la inflamación en el intestino y optimizar la absorción de nutrientes, lo que puede tener un efecto positivo en la función cerebral.

Transplante de microbiota fecal

En un transplante de microbiota fecal, se transfiere heces de un donante sano al intestino de un paciente para restaurar la flora intestinal. Este método puede ayudar en enfermedades intestinales graves y afectar positivamente la conexión cerebro-intestino.

Marcadores hipotéticos de salud intestinal y cerebral a lo largo del tiempo

Correlación entre la salud intestinal y la función cognitiva a lo largo del tiempo con revisiones regulares.

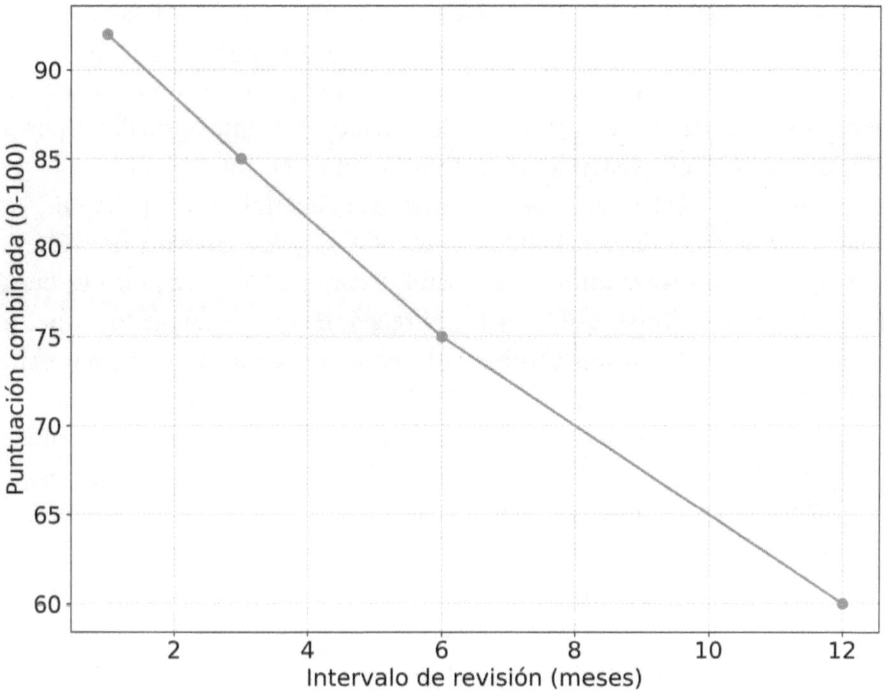

Los datos sugieren una correlación positiva entre las revisiones regulares de la salud intestinal y la mejora de la función cognitiva. Un seguimiento e intervenciones más frecuentes parecen conducir a mejores resultados generales de salud cerebro-intestinal, lo que destaca la importancia de las medidas preventivas.

Reconocer las señales de alerta temprana

La observación atenta de las señales corporales es esencial para la prevención de enfermedades que afectan el eje cerebro-intestino. Es importante prestar atención tanto a los cambios en el tracto digestivo como a las anomalías neurológicas. Los cambios autónomos, como los del tracto gastrointestinal, pueden ser indicadores tempranos de trastornos motores posteriores [s152]. Un ejemplo de esto sería el estreñimiento persistente, que puede observarse mucho antes de la aparición del temblor, un síntoma característico de la enfermedad de Parkinson. Tales signos tempranos deberían dar lugar a investigaciones adicionales. La carga crónica de metales pesados del medio ambiente y la dieta puede afectar tanto el sistema digestivo como el microbioma, y en consecuencia, dañar el sistema nervioso central [s152]. Aquí, un análisis detallado de los hábitos alimenticios y el entorno de vida es útil para identificar y minimizar posibles cargas. Un desequilibrio en la flora intestinal (disbiosis) está estrechamente relacionado con la enfermedad de Parkinson y subraya la comunicación bidireccional entre el intestino y el cerebro [s152]. La influencia dirigida sobre el microbioma podría, por lo tanto, ofrecer en el futuro una opción terapéutica para reducir el estrés neurológico. Además de los síntomas gastrointestinales, también son relevantes los signos de inflamaciones crónicas en el cuerpo. Estos pueden, como muestran los estudios, contribuir al desarrollo de Alzheimer [s153]. Una dieta rica en antioxidantien y nutrientes antiinflamatorios puede ayudar a reducir el riesgo de inflamaciones crónicas y, por lo tanto, influir positivamente en la salud cerebral.

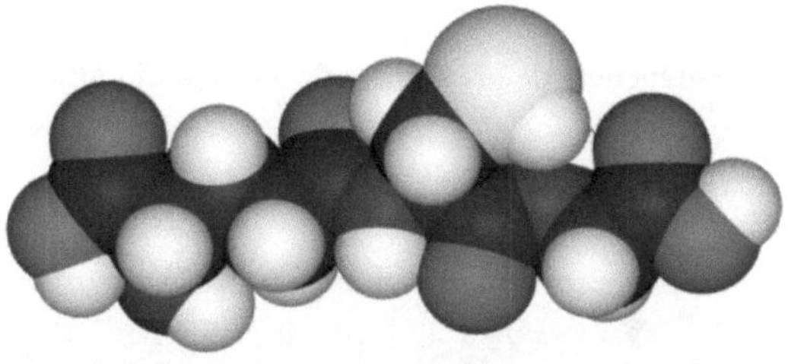

Antioxidantes [i47]

Bueno saber

Enfermedad de Parkinson

Una enfermedad neurodegenerativa que afecta la motricidad y puede estar relacionada con cambios en el tracto gastrointestinal, como el estreñimiento. Esta conexión destaca la importancia de la salud intestinal para la prevención de problemas neurológicos.

Temblor

Un temblor que puede aparecer como un síntoma tardío de la enfermedad de Parkinson, mientras que signos anteriores en el sistema digestivo, como el estreñimiento, pueden ya estar presentes. La detección temprana de problemas digestivos podría, por lo tanto, desempeñar un papel en la prevención de la enfermedad de Parkinson.

Señales de alerta temprana del eje intestino-cerebro

Frecuencia de las señales de alerta temprana

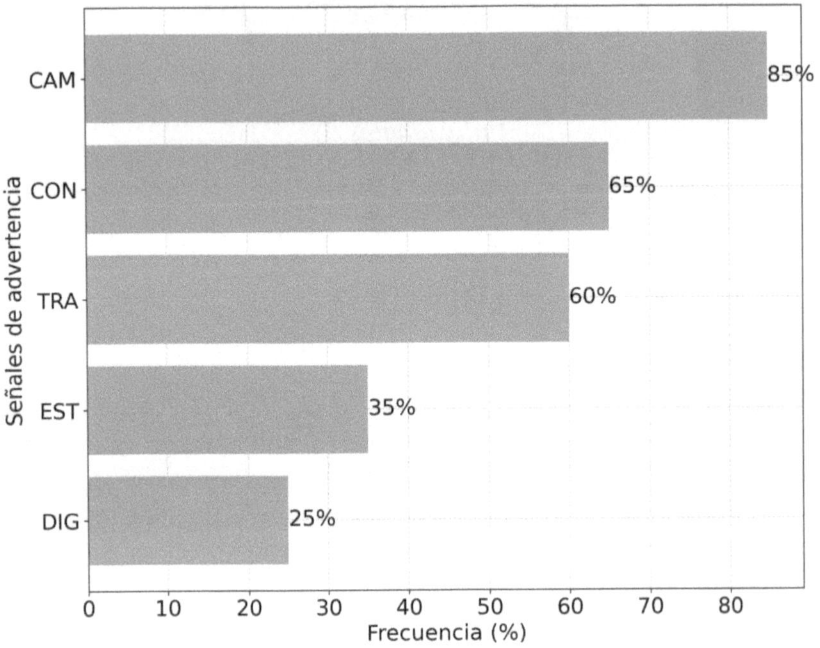

CAM: Cambios en el apetito

CON: Problemas de concentración

DIG: Molestias digestivas

EST: Cambios de humor

TRA: Trastornos del sueño

El diagrama de barras horizontal visualiza la frecuencia relativa de varias señales de alerta temprana en el contexto de la conexión intestino-cerebro. Las molestias digestivas son las más frecuentes, seguidas de los cambios de humor y los trastornos del sueño. Los problemas de concentración y los cambios en el apetito son menos frecuentes, pero siguen siendo indicadores relevantes. Esta distribución subraya la importancia de prestar atención a las molestias digestivas como una posible señal de alerta temprana.

Medidas preventivas

Las medidas preventivas para la salud del intestino y el cerebro incluyen, además de chequeos de salud regulares y la atención a señales de advertencia tempranas, la prevención específica de factores de riesgo. Un ejemplo de esto es la prevención del VIH, especialmente en el contexto del embarazo. Una infección por VIH puede causar complicaciones neurológicas y afectar la salud intestinal [s154]. Por lo tanto, se recomienda una prueba de VIH antes o en el primer trimestre del embarazo [s154]. Para las mujeres embarazadas con VIH, una terapia antirretroviral (TAR) durante el embarazo y el parto es crucial para prevenir la transmisión al niño [s154]. La iniciación temprana de la TAR maximiza la protección del niño [s154]. Además, las mujeres afectadas deben discutir con sus médicos la mejor alimentación para el recién nacido después del parto, con el fin de minimizar aún más el riesgo de transmisión [s154]. Además, un estilo de vida preventivo que apunte a una flora intestinal saludable puede reducir el riesgo de diversas enfermedades. Esto incluye una dieta rica en fibra con abundantes frutas, verduras y productos integrales que promueven el crecimiento de bacterias beneficiosas. Los alimentos fermentados como el yogur o el chucrut también pueden apoyar la salud intestinal. La gestión del estrés a través de técnicas como el yoga, la meditación o el ejercicio regular tiene un efecto positivo en el eje intestino-cerebro y puede contribuir a la prevención. Dormir lo suficiente también es esencial, ya que la falta de sueño puede afectar negativamente la flora intestinal. Evitar fumar y el consumo excesivo de alcohol protege tanto el intestino como el cerebro. Finalmente, evitar medicamentos innecesarios, especialmente antibióticos que pueden alterar el microbioma, también puede tener un efecto preventivo. Una combinación de estas medidas fortalece la conexión intestino-cerebro y promueve la salud general.

Bueno saber

Microbioma

La totalidad de microorganismos que habitan en el intestino y desempeñan un papel importante en la salud intestinal y la conexión intestino-cerebro. Un microbioma equilibrado puede ayudar a reducir la inflamación y mejorar la comunicación entre el intestino y el cerebro.

VIH

Una infección viral que debilita el sistema inmunológico y puede afectar la salud intestinal, lo que influye en la conexión intestino-cerebro. Las medidas preventivas son importantes para evitar la transmisión y minimizar complicaciones.

Medidas Preventivas para la Salud Intestinal-Cerebral

Distribución de estrategias preventivas para la salud intestinal-cerebral.

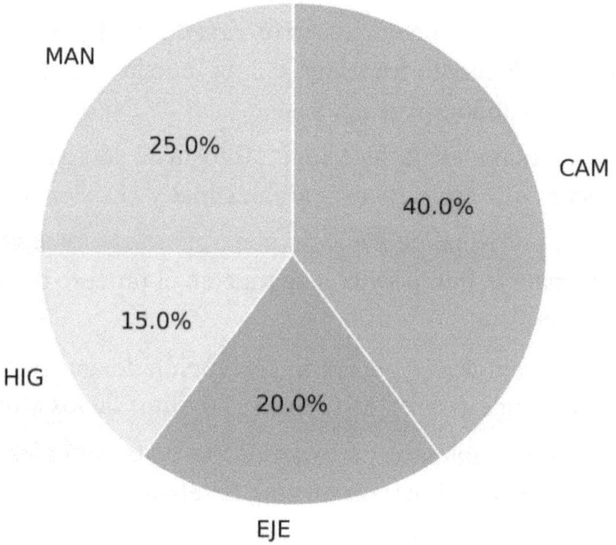

CAM: Cambios en la dieta (prebióticos, probióticos, fibra)

EJE: Ejercicio regular

HIG: Higiene del sueño

MAN: Manejo del estrés (atención plena, yoga)

El gráfico destaca la importancia de un enfoque holístico para la salud intestinal-cerebral. Si bien los cambios en la dieta son cruciales, la incorporación del manejo del estrés y el ejercicio regular contribuye significativamente al bienestar general. Priorizar la higiene del sueño también juega un papel importante, lo que subraya la interconexión de los factores del estilo de vida para mantener un eje intestino-cerebro saludable. Centrarse en estas áreas clave puede conducir a mejores resultados de salud mental y física.

Consejos concretos

- Utiliza el poder de la visualización: Imagina antes de cada comida cómo los nutrientes fortalecen tu eje intestino-cerebro.
- Crea un ancla de aroma: Asocia un aroma específico con la relajación y el bienestar, y utilízalo conscientemente en situaciones estresantes.
- Incorpora el "yoga intestinal" en tu vida diaria: Ejercicios suaves de torsión y estiramiento fomentan el movimiento intestinal y fortalecen los músculos abdominales.
- Explora el mundo de la fitoterapia: Infórmate sobre plantas medicinales que apoyan la salud intestinal y el sistema nervioso.
- Desarrolla un "ritual de atención plena" para el momento de ir al baño: Tómate tu tiempo y concéntrate en el proceso de la eliminación.
- Entrena tus sentidos: Agudiza tu percepción del gusto explorando conscientemente diferentes sabores y texturas de los alimentos.
- Conecta el movimiento con experiencias en la naturaleza: El "baño de bosque" o la jardinería fomentan la relajación y fortalecen el sistema inmunológico.
- Cuida tu piel como un reflejo de tu salud intestinal: Utiliza productos de cuidado natural y asegúrate de mantener una hidratación adecuada.
- Aprende a percibir conscientemente tu temperatura corporal: Los pies fríos pueden ser un indicio de una circulación alterada.
- Experimenta con la "terapia de luz": Las lámparas de luz diurna pueden influir positivamente en el estado de ánimo y el ritmo sueño-vigilia.

Revisión - 5. Cuidado holístico del cuerpo y el cerebro

Cuidado holístico del cuerpo y el cerebro, basado en la comprensión del complejo eje intestino-cerebro, requiere un enfoque proactivo y multifacético. Puede influir de manera sostenible en su salud física y mental al comprender las interacciones entre el ejercicio, la alimentación y la salud intestinal, y utilizarlas de manera específica para su bienestar. En lugar de centrarse en aspectos individuales, debe seguir un concepto holístico que conecte estos elementos. Comience, por ejemplo, integrando ejercicio moderado en su vida diaria. Una caminata diaria, una sesión de yoga o simplemente subir escaleras en lugar de usar el ascensor pueden tener efectos positivos en su salud intestinal y, por ende, en su capacidad cognitiva. Preste atención a las señales de su cuerpo y evite el sobreesfuerzo, que puede afectar negativamente su microbioma intestinal.

Además del ejercicio, la alimentación juega un papel crucial. Una dieta rica en fibra, con abundantes frutas, verduras y productos integrales, promueve el crecimiento de bacterias intestinales beneficiosas que producen metabolitos importantes como los ácidos grasos de cadena corta. Estos ácidos grasos no solo sirven como fuente de energía para las células intestinales, sino que también actúan como moléculas de señalización que influyen en la comunicación entre el intestino y el cerebro. Integre alimentos fermentados como yogur o chucrut en su dieta para apoyar aún más su flora intestinal. Al mismo tiempo, evite el consumo excesivo de azúcar y fructosa para aliviar su hígado y optimizar el proceso de desintoxicación. Sea consciente al elegir sus alimentos y busque minimizar la carga de toxinas ambientales.

Además del ejercicio y la alimentación, también debe prestar atención a chequeos de salud regulares para detectar factores de riesgo de manera temprana. Hágase controlar regularmente la presión arterial, el azúcar en sangre y los niveles de colesterol. Discuta con su médico medidas preventivas individuales y esté atento a posibles señales de advertencia de su cuerpo, como cambios en el tracto digestivo o anomalías neurológicas. Un cuidado holístico del cuerpo y el cerebro también requiere una gestión efectiva del estrés. Encuentre métodos que le ayuden a reducir el estrés, ya sea a través de yoga, meditación, ejercicios de atención plena o simplemente pasando tiempo en la naturaleza. Dormir lo suficiente también es esencial para mantener un equilibrio saludable en el eje intestino-cerebro.

La implementación de un cuidado holístico del cuerpo y el cerebro puede parecer desafiante al principio. Comience con pequeños pasos e integre gradualmente nuevos hábitos en su vida diaria. Sea paciente consigo mismo y celebre sus éxitos. Notará que la inversión en su salud intestinal-cerebral vale la pena y que se sentirá mejor física y mentalmente. Un equilibrio armonioso entre cuerpo y mente fortalece su resiliencia y le permite enfrentar los desafíos cotidianos con mayor calma. Invierta en su salud: es la mejor inversión que puede hacer.

Ofertas adicionales gratuitas planificadas

Nos complace poder ofrecerle en el futuro materiales complementarios gratuitos para este libro:

- Un capítulo bonus exclusivo con contenido adicional
- Un resumen compacto de todo el libro en formato PDF
- Una versión de radioteatro (En Planificación)

Se prevé que estos materiales se publiquen en 2025.
Le invitamos a visitar nuestro sitio web hoy mismo. Cuando se lance nuestro servicio de boletín (previsto para 2025), podrá registrarse para recibir actualizaciones y no perderse ninguna novedad sobre las ofertas adicionales gratuitas.

www.SaageBooks.com/es/
conexion_cerebrointestino-bonus-9BOVZ

Estimados lectores,

Nos sentimos profundamente honrados de que hayan dedicado tiempo a leer nuestro libro de principio a fin. Nuestro mayor deseo es proporcionarles ideas valiosas y orientación práctica. Su confianza en nuestro trabajo significa mucho para nosotros. Esperamos que la lectura haya sido enriquecedora para ustedes. Si tienen alguna pregunta o sugerencia, no duden en contactarnos a través de nuestro sitio web.

Si han disfrutado de este libro, agradeceríamos enormemente una reseña honesta. Pueden dejar fácilmente su valoración honesta en la plataforma de venta donde compraron el libro.
¡Gracias por su apoyo!

Bendis Saage

Saage Media GmbH - Equipo

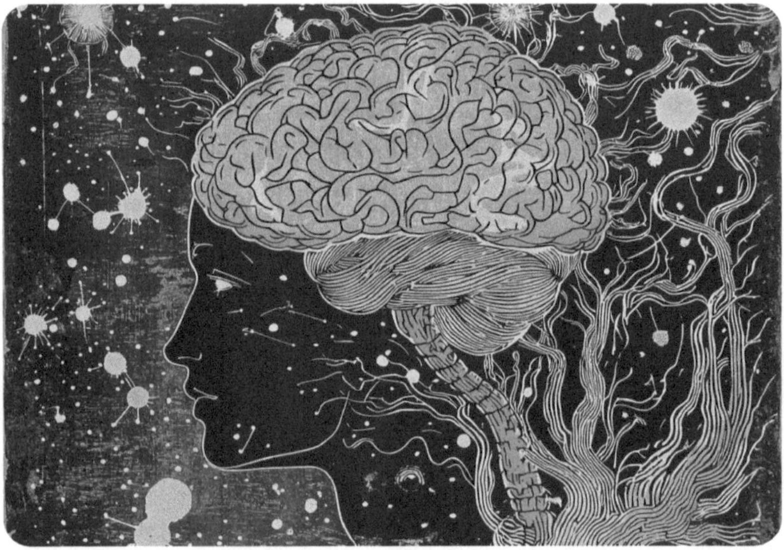

www.SaageBooks.com/es

¡Descubre más! Nuestro sitio web editorial te ofrece una variada selección de libros adicionales. Además de contenido gratuito y materiales exclusivos de bonificación, encontrarás información detallada sobre nuestras obras. Explora nuestra extensa oferta digital y déjate inspirar por experiencias adicionales de lectura.

www.SaageBooks.com/es

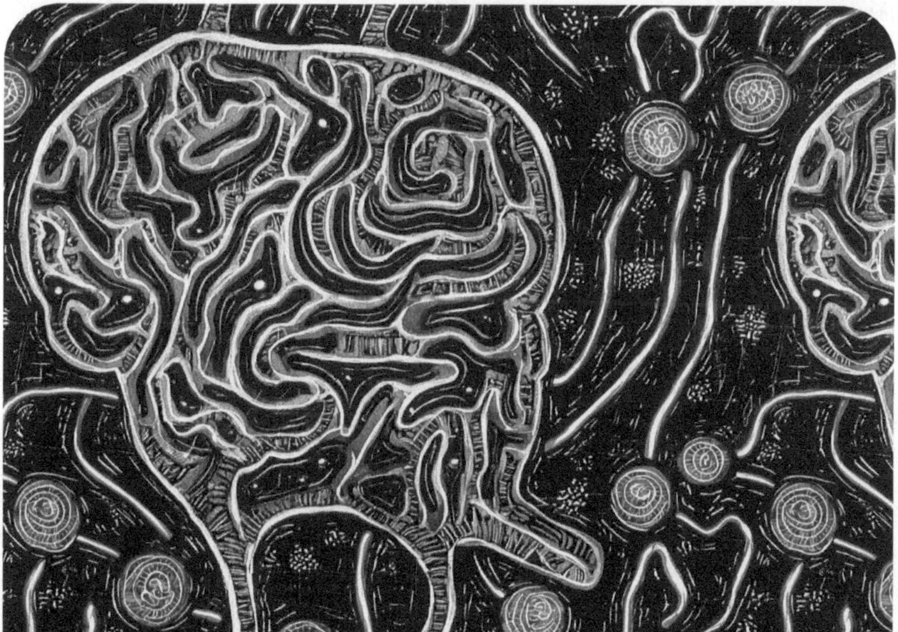

Fuentes

Nuestro sincero agradecimiento a todos los autores de las fuentes científicas y no científicas citadas, a los operadores de los sitios web referenciados y a los creadores de las imágenes, gráficos y estudios utilizados, cuyo valioso trabajo ha contribuido a la creación de este libro.

Para más información, le recomendamos visitar los sitios web de las fuentes.

Si descubre errores de asignación u otras inconsistencias, por favor contáctenos.

Todas las fuentes fueron consultadas por última vez el: 2025-02-14

[s1] - https://pmc.ncbi.nlm.nih.gov/articles/PMC6829582/

Autor:	Julie Khlevner, Yeji Park, Kara Gross Margolis	**Título:**	Brain–Gut Axis Clinical Implications
por:	Department of Pediatrics, Columbia University College of Physicians and Surgeons	**DOI:**	10.1016/j.gtc.2018.07.002
Fecha:	2018 Sep 28	**Sitio web:**	PubMed Central (PMC)
Editorial:	Gastroenterology clinics of North America		

[s2] - https://pmc.ncbi.nlm.nih.gov/articles/PMC5859128/

Autor:	Sigrid Breit, Aleksandra Kupferberg, Gerhard Rogler, Gregor Hasler	**Título:**	Vagus Nerve as Modulator of the Brain–Gut Axis in Psychiatric and Inflammatory Disorders
por:	University Hospital of Psychiatry, University of Bern; University Hospital Zurich	**DOI:**	10.3389/fpsyt.2018.00044
Fecha:	2018 Mar 13	**Sitio web:**	PubMed Central (PMC)
Editorial:	Frontiers in Psychiatry		

[s3] - https://pmc.ncbi.nlm.nih.gov/articles/PMC10455396/

Autor:	Tuba Shahid Chaudhry, Sidhartha Gautam Senapati, Srikanth Gadam, Hari Priya Sri Sai Mannam, Hima Varsha Voruganti, Zainab Abbasi, Tushar Abhinav, Apurva Bhavana Challa, Namratha Pallipamu, Niharika Bheemisetty, Shivaram P Arunachalam	**Título:**	The Impact of Microbiota on the Gut–Brain Axis: Examining the Complex Interplay and Implications
por:	Mayo Clinic	**DOI:**	10.3390/jcm12165231
Fecha:	2023 Aug 11	**Sitio web:**	PubMed Central (PMC)

[s4] - https://pmc.ncbi.nlm.nih.gov/articles/PMC8634751/

Autor:	Kara G Margolis, John F Cryan, Emeran A Mayer	**Título:**	The Microbiota-Gut-Brain Axis: From Motility to Mood
DOI:	10.1053/j.gastro.2020.10.066	**Fecha:**	2021 Jan 22
Sitio web:	PubMed Central (PMC)	**Editorial:**	Gastroenterology

[s5] - https://pmc.ncbi.nlm.nih.gov/articles/PMC5046167/

Autor:	Hans Raskov, Jakob Burcharth, Hans-Christian Pommergaard, Jacob Rosenberg	**Título:**	Irritable bowel syndrome, the microbiota and the gut-brain axis
DOI:	10.1080/19490976.2016.1218585	**Fecha:**	2016 Jul 29
Sitio web:	PubMed Central (PMC)		

[s6] - https://pmc.ncbi.nlm.nih.gov/articles/PMC6047317/

Autor:	Clair R Martin, Vadim Osadchiy, Amir Kalani, Emeran A Mayer	**Título:**	The Brain-Gut-Microbiome Axis
por:	University of California at Los Angeles	**DOI:**	10.1016/j.jcmgh.2018.04.003
Fecha:	2018 Apr 12	**Sitio web:**	PubMed Central (PMC)
Editorial:	Cellular and Molecular Gastroenterology and Hepatology		

[s7] - https://pmc.ncbi.nlm.nih.gov/articles/PMC6469458/

Autor:	Jeremy Appleton	**Título:**	The Gut-Brain Axis: Influence of Microbiota on Mood and Mental Health
Fecha:	2018 Aug	**Sitio web:**	PubMed Central (PMC)
Editorial:	Integrative Medicine: A Clinician's Journal		

[s8] - https://pmc.ncbi.nlm.nih.gov/articles/PMC4367209/

Autor:	Marilia Carabotti, Annunziata Scirocco, Maria Antonietta Maselli, Carola Severi	**Título:**	The gut-brain axis: interactions between enteric microbiota, central and enteric nervous systems
Fecha:	2015 Apr-Jun	**Sitio web:**	PubMed Central (PMC)
Editorial:	Annals of Gastroenterology : Quarterly Publication of the Hellenic Society of Gastroenterology		

[s9] - https://pmc.ncbi.nlm.nih.gov/articles/PMC4858318/

Autor:	Kirsteen N Browning, R Alberto Travagli	**Título:**	Central Nervous System Control of Gastrointestinal Motility and Secretion and Modulation of Gastrointestinal Functions
por:	Penn State College of Medicine	**DOI:**	10.1002/cphy.c130055
Fecha:	2014 Oct	**Sitio web:**	PubMed Central (PMC)
Editorial:	Comprehensive Physiology		

[s10] - https://pmc.ncbi.nlm.nih.gov/articles/PMC5772764/

Autor:	Rahul Mittal, Luca H Debs, Amit P Patel, Desiree Nguyen, Kunal Patel, Gregory O'Connor, M'hamed Grati, Jeenu Mittal, Denise Yan, Adrien A Eshraghi, Sapna K Deo, Sylvia Daunert, Xue Zhong Liu	**Título:**	Neurotransmitters: The critical modulators regulating gut-brain axis
por:	University of Miami Miller School of Medicine	**DOI:**	10.1002/jcp.25518
Fecha:	2017 Apr 10	**Sitio web:**	PubMed Central (PMC)
Editorial:	Journal of cellular physiology		

[s11] - https://pmc.ncbi.nlm.nih.gov/articles/PMC8439601/

Autor:	Michael D Gershon, Kara Gross Margolis	**Título:**	The gut, its microbiome, and the brain: connections and communications
por:	Columbia University Vagelos College of Physicians and Surgeons	**DOI:**	10.1172/JCI143768
Fecha:	2021 Sep 15	**Sitio web:**	PubMed Central (PMC)
Editorial:	The Journal of Clinical Investigation		

[s12] - https://pmc.ncbi.nlm.nih.gov/articles/PMC6469458/

Autor:	Jeremy Appleton	**Título:**	The Gut-Brain Axis: Influence of Microbiota on Mood and Mental Health
Fecha:	2018 Aug	**Sitio web:**	PubMed Central (PMC)
Editorial:	Integrative Medicine: A Clinician's Journal		

[s13] - https://pmc.ncbi.nlm.nih.gov/articles/PMC3817711/

Autor:	Emeran A Mayer, Kirsten Tillisch	**Título:**	The Brain-Gut Axis in Abdominal Pain Syndromes
por:	University of California, Los Angeles	**DOI:**	10.1146/annurev-med-012309-103958
Fecha:	2011	**Sitio web:**	PMC
Editorial:	Annual review of medicine		

[s14] - https://pmc.ncbi.nlm.nih.gov/articles/PMC5046167/

Autor:	Hans Raskov, Jakob Burcharth, Hans-Christian Pommergaard, Jacob Rosenberg	**Título:**	Irritable bowel syndrome, the microbiota and the gut-brain axis
DOI:	10.1080/19490976.2016.1218585	**Fecha:**	2016 Jul 29
Sitio web:	PubMed Central (PMC)	**Editorial:**	Gut Microbes

[s15] - https://pmc.ncbi.nlm.nih.gov/articles/PMC6047317/

Autor:	Clair R Martin, Vadim Osadchiy, Amir Kalani, Emeran A Mayer	**Título:**	The Brain-Gut-Microbiome Axis
por:	University of California at Los Angeles	**DOI:**	10.1016/j.jcmgh.2018.04.003
Fecha:	2018 Apr 12	**Sitio web:**	PubMed Central (PMC)
Editorial:	Cellular and Molecular Gastroenterology and Hepatology		

[s16] - https://pmc.ncbi.nlm.nih.gov/articles/PMC5530613/

Autor:	Andrew P Allen, Timothy G Dinan, Gerard Clarke, John F Cryan	**Título:**	A psychology of the human brain–gut–microbiome axis
por:	University College Cork	**DOI:**	10.1111/spc3.12309
Fecha:	2017 Apr 18	**Sitio web:**	PubMed Central (PMC)
Editorial:	Social and Personality Psychology Compass		

[s17] - https://pmc.ncbi.nlm.nih.gov/articles/PMC4528021/

Autor:	Sai Manasa Jandhyala, Rupjyoti Talukdar, Chivkula Subramanyam, Harish Vuyyuru, Mitnala Sasikala, D Nageshwar Reddy	**Título:**	Role of the normal gut microbiota
por:	Asian Institute of Gastroenterology, Asian Healthcare Foundation	**DOI:**	10.3748/wjg.v21.i29.8787
Fecha:	2015 Aug 7	**Sitio web:**	PubMed Central (PMC)
Editorial:	World Journal of Gastroenterology : WJG		

[s18] - https://pmc.ncbi.nlm.nih.gov/articles/PMC5433529/

Autor:	Elizabeth Thursby, Nathalie Juge	**Título:**	Introduction to the human gut microbiota
por:	The Gut Health and Food Safety Programme, Institute of Food Research, Norwich Research Park, Norwich NR4 7UA, U.K.	**DOI:**	10.1042/BCJ20160510
Fecha:	2017 May 16	**Sitio web:**	PubMed Central (PMC)
Editorial:	Biochemical Journal		

[s19] - https://pmc.ncbi.nlm.nih.gov/articles/PMC9692419/

Autor:	Meenakshi Kandpal, Omkar Indari, Budhadev Baral, Shweta Jakhmola, Deeksha Tiwari, Vasundhra Bhandari, Rajan Kumar Pandey, Kiran Bala, Avinash Sonawane, Hem Chandra Jha	**Título:**	Dysbiosis of Gut Microbiota from the Perspective of the Gut–Brain Axis: Role in the Provocation of Neurological Disorders
por:	Indian Institute of Technology Indore, National Institute of Pharmaceutical Education and Research, Karolinska Institute	**DOI:**	10.3390/metabo12111064
Fecha:	2022 Nov 3	**Sitio web:**	PubMed Central (PMC)
Editorial:	MDPI		

[s20] - https://pmc.ncbi.nlm.nih.gov/articles/PMC6047317/
Autor: Clair R Martin, Vadim Osadchiy, Amir Kalani, Emeran A Mayer
Título: The Brain-Gut-Microbiome Axis
por: University of California at Los Angeles
DOI: 10.1016/j.jcmgh.2018.04.003
Fecha: 2018 Apr 12
Sitio web: PubMed Central (PMC)
Editorial: Cellular and Molecular Gastroenterology and Hepatology

[s21] - https://pmc.ncbi.nlm.nih.gov/articles/PMC4583334/
Autor: Xiaomei Cong, Wendy A Henderson, Joerg Graf, Jacqueline M McGrath
Título: Early Life Experience and Gut Microbiome: the Brain-Gut-Microbiota Signaling System
por: University of Connecticut, Digestive Disorder Unit, Biobehavioral Branch, NINR, NIH, Department of Molecular and Cell Biology, University of Connecticut, Connecticut Children's Medical Center
DOI: 10.1097/ANC.0000000000000191
Fecha: 2015 Oct
Sitio web: PubMed Central (PMC)
Editorial: Advances in neonatal care : official journal of the National Association of Neonatal Nurses

[s22] - https://pmc.ncbi.nlm.nih.gov/articles/PMC6469458/
Autor: Jeremy Appleton
Título: The Gut-Brain Axis: Influence of Microbiota on Mood and Mental Health
Fecha: 2018 Aug
Sitio web: PubMed Central (PMC)
Editorial: Integrative Medicine: A Clinician's Journal

[s23] - https://pmc.ncbi.nlm.nih.gov/articles/PMC9504309/
Autor: Leon M T Dicks
Título: Gut Bacteria and Neurotransmitters
por: Stellenbosch University
DOI: 10.3390/microorganisms10091838
Fecha: 2022 Sep 14
Sitio web: PubMed Central (PMC)

[s24] - https://www.nia.nih.gov/news/beyond-brain-gut-microbiome-and-alzheimers-disease
Título: Beyond the brain: The gut microbiome and Alzheimer's disease
por: National Institute on Aging (NIA)
Sitio web: National Institute on Aging

[s25] - https://pmc.ncbi.nlm.nih.gov/articles/PMC7841622/
Autor: Arpana Gupta, Vadim Osadchiy, Emeran A Mayer
Título: Brain–gut–microbiome interactions in obesity and food addiction
por: University of California Los Angeles (UCLA)
DOI: 10.1038/s41575-020-0341-5
Fecha: 2020 Aug 27
Sitio web: PubMed Central (PMC)
Editorial: Nature reviews. Gastroenterology & hepatology

[s26] - https://pmc.ncbi.nlm.nih.gov/articles/PMC5581153/
Autor: Xiqun Zhu, Yong Han, Jing Du, Renzhong Liu, Ketao Jin, Wei Yi
Título: Microbiota-gut-brain axis and the central nervous system
DOI: 10.18632/oncotarget.17754
Fecha: 2017 May 10
Sitio web: PubMed Central (PMC)
Editorial: Oncotarget

[s27] - https://pmc.ncbi.nlm.nih.gov/articles/PMC4367209/

Autor:	Marilia Carabotti, Annunziata Scirocco, Maria Antonietta Maselli, Carola Severi	**Título:**	The gut-brain axis: interactions between enteric microbiota, central and enteric nervous systems
por:	University Sapienza, Scientific Institute of Gastroenterology S. de Bellis	**Fecha:**	2015 Apr-Jun
Sitio web:	PubMed Central (PMC)	**Editorial:**	Annals of Gastroenterology : Quarterly Publication of the Hellenic Society of Gastroenterology

[s28] - https://pmc.ncbi.nlm.nih.gov/articles/PMC8263213/

Autor:	Min-Gyu Gwak, Sun-Young Chang	**Título:**	Gut-Brain Connection: Microbiome, Gut Barrier, and Environmental Sensors
por:	Laboratory of Microbiology, College of Pharmacy, and Research Institute of Pharmaceutical Science and Technology (RIPST), Ajou University, Suwon	**DOI:**	10.4110/in.2021.21.e20
Fecha:	2021 Jun 16	**Sitio web:**	PubMed Central (PMC)
Editorial:	Immune Network		

[s29] - https://pmc.ncbi.nlm.nih.gov/articles/PMC6469458/

Autor:	Jeremy Appleton	**Título:**	The Gut-Brain Axis: Influence of Microbiota on Mood and Mental Health
Fecha:	2018 Aug	**Sitio web:**	PubMed Central (PMC)
Editorial:	Integrative Medicine: A Clinician's Journal		

[s30] - https://pmc.ncbi.nlm.nih.gov/articles/PMC5641835/

Autor:	Megan Clapp, Nadia Aurora, Lindsey Herrera, Manisha Bhatia, Emily Wilen, Sarah Wakefield	**Título:**	Gut microbiota's effect on mental health: The gut-brain axis
por:	Texas Tech University	**DOI:**	10.4081/cp.2017.987
Fecha:	2017 Sep 15	**Sitio web:**	PubMed Central (PMC)
Editorial:	Clinics and Practice		

[s31] - https://www.nia.nih.gov/news/beyond-brain-gut-microbiome-and-alzheimers-disease

Título:	Beyond the brain: The gut microbiome and Alzheimer's disease	**por:**	National Institute on Aging (NIA)
Sitio web:	National Institute on Aging		

[s32] - https://pmc.ncbi.nlm.nih.gov/articles/PMC4796328/

Autor:	Tehmina Amin; Julian G Mercer	**Título:**	Hunger and Satiety Mechanisms and Their Potential Exploitation in the Regulation of Food Intake
por:	Rowett Institute of Nutrition and Health, University of Aberdeen	**DOI:**	10.1007/s13679-015-0184-5
Fecha:	2016 Jan 14	**Sitio web:**	PubMed Central (PMC)
Editorial:	Current Obesity Reports		

[s33] - https://pmc.ncbi.nlm.nih.gov/articles/PMC5859128/

Autor:	Sigrid Breit, Aleksandra Kupferberg, Gerhard Rogler, Gregor Hasler	**Título:**	Vagus Nerve as Modulator of the Brain–Gut Axis in Psychiatric and Inflammatory Disorders
DOI:	10.3389/fpsyt.2018.00044	**Fecha:**	2018 Mar 13
Sitio web:	PubMed Central (PMC)	**Editorial:**	Frontiers in Psychiatry

[s34] - https://www.ncbi.nlm.nih.gov/pmc/articles/PMC7951047/

Autor:	Amber L Alhadeff	**Título:**	Monitoring In Vivo Neural Activity to Understand Gut–Brain Signaling
por:	National Center for Biotechnology Information (NCBI)	**DOI:**	10.1210/endocr/bqab029
Fecha:	2021 Feb 9	**Sitio web:**	PubMed Central (PMC)
Editorial:	Endocrinology		

[s35] - https://pmc.ncbi.nlm.nih.gov/articles/PMC7147657/

Autor:	Li-Juan Sun, Jing-Nan Li, Yong-Zhan Nie	**Título:**	Gut hormones in microbiota-gut-brain cross-talk
DOI:	10.1097/CM9.0000000000000706	**Fecha:**	2020 Apr 5
Sitio web:	PubMed Central (PMC)	**Editorial:**	Chinese Medical Journal

[s36] - https://pmc.ncbi.nlm.nih.gov/articles/PMC2710609/

Autor:	Rexford S Ahima, Daniel A Antwi	**Título:**	Brain regulation of appetite and satiety
por:	University of Pennsylvania School of Medicine	**DOI:**	10.1016/j.ecl.2008.08.005
Fecha:	2008 Dec	**Sitio web:**	PubMed Central (PMC)
Editorial:	Endocrinology and metabolism clinics of North America		

[s37] - https://www.ncbi.nlm.nih.gov/pmc/articles/PMC7841622/

Autor:	Arpana Gupta, Vadim Osadchiy, Emeran A Mayer	**Título:**	Brain–gut–microbiome interactions in obesity and food addiction
por:	University of California Los Angeles (UCLA)	**DOI:**	10.1038/s41575-020-0341-5
Fecha:	2020 Aug 27	**Sitio web:**	PubMed Central (PMC)
Editorial:	Nature reviews. Gastroenterology & hepatology		

[s38] - https://pmc.ncbi.nlm.nih.gov/articles/PMC2710609/

Autor:	Rexford S Ahima, Daniel A Antwi	**Título:**	Brain regulation of appetite and satiety
por:	University of Pennsylvania School of Medicine	**DOI:**	10.1016/j.ecl.2008.08.005
Fecha:	2008 Dec	**Sitio web:**	PubMed Central (PMC)

[s39] - https://pmc.ncbi.nlm.nih.gov/articles/PMC5859128/

Autor:	Sigrid Breit, Aleksandra Kupferberg, Gerhard Rogler, Gregor Hasler	**Título:**	Vagus Nerve as Modulator of the Brain–Gut Axis in Psychiatric and Inflammatory Disorders
por:	University of Bern; University Hospital Zurich	**DOI:**	10.3389/fpsyt.2018.00044
Fecha:	2018 Mar 13	**Sitio web:**	PubMed Central (PMC)
Editorial:	Frontiers in Psychiatry		

[s40] - https://pmc.ncbi.nlm.nih.gov/articles/PMC7841622/

Autor:	Arpana Gupta, Vadim Osadchiy, Emeran A Mayer	**Título:**	Brain–gut–microbiome interactions in obesity and food addiction
por:	University of California Los Angeles (UCLA)	**DOI:**	10.1038/s41575-020-0341-5
Fecha:	2020 Aug 27	**Sitio web:**	PubMed Central (PMC)
Editorial:	Nature reviews. Gastroenterology & hepatology		

[s41] - https://pmc.ncbi.nlm.nih.gov/articles/PMC9096878/

Autor:	Sarah Althubeati, Amanda Avery, Christopher R Tench, Dileep N Lobo, Andrew Salter, Sally Eldeghaidy	**Título:**	Mapping brain activity of gut-brain signaling to appetite and satiety in healthy adults: A systematic review and functional neuroimaging meta-analysis
por:	University of Nottingham, King Abdulaziz University, Nottingham University Hospitals NHS Trust	**DOI:**	10.1016/j.neubiorev.2022.104603
Fecha:	2022 May	**Sitio web:**	PubMed Central (PMC)

[s42] - https://pmc.ncbi.nlm.nih.gov/articles/PMC10490484/

Autor:	Shouren Li, Mengqi Liu, Shixi Cao, Boshuai Liu, Defeng Li, Zhichang Wang, Hao Sun, Yalei Cui, Yinghua Shi	**Título:**	The Mechanism of the Gut-Brain Axis in Regulating Food Intake
por:	Henan Agricultural University	**DOI:**	10.3390/nu15173728
Fecha:	2023 Aug 25	**Sitio web:**	PMC (PubMed Central)
Editorial:	Nutrients		

[s43] - https://pmc.ncbi.nlm.nih.gov/articles/PMC7924980/

Autor:	Natasha K Leeuwendaal, John F Cryan, Harriët Schellekens	**Título:**	Gut peptides and the microbiome: focus on ghrelin
DOI:	10.1097/MED.0000000000000616	**Fecha:**	2021 Feb 15
Sitio web:	PubMed Central (PMC)	**Editorial:**	Current Opinion in Endocrinology, Diabetes, and Obesity

[s44] - https://pmc.ncbi.nlm.nih.gov/articles/PMC8068854/

Autor:	Mrinal Samtiya, Rotimi E Aluko, Tejpal Dhewa, José Manuel Moreno-Rojas	**Título:**	Potential Health Benefits of Plant Food-Derived Bioactive Components: An Overview
DOI:	10.3390/foods10040839	**Fecha:**	2021 Apr 12
Sitio web:	PubMed Central (PMC)		

[s45] - https://www.ncbi.nlm.nih.gov/pmc/articles/PMC10048542/

Autor:	Siyu Liu, Lu Cheng, Yanan Liu, Shengnan Zhan, Zufang Wu, Xin Zhang	**Título:**	Relationship between Dietary Polyphenols and Gut Microbiota: New Clues to Improve Cognitive Disorders, Mood Disorders and Circadian Rhythms
por:	Ningbo University; Rutgers, The State University of New Jersey	**DOI:**	10.3390/foods12061309
Fecha:	2023 Mar 19	**Sitio web:**	PubMed Central (PMC)
Editorial:	MDPI		

[s46] - https://www.nia.nih.gov/news/beyond-brain-gut-microbiome-and-alzheimers-disease

Título:	Beyond the brain: The gut microbiome and Alzheimer's disease	**por:**	National Institute on Aging (NIA)
Sitio web:	National Institute on Aging		

[s47] - https://pmc.ncbi.nlm.nih.gov/articles/PMC6478664/

Autor:	Aleksandra Tomova, Igor Bukovsky, Emilie Rembert, Willy Yonas, Jihad Alwarith, Neal D Barnard, Hana Kahleova	**Título:**	The Effects of Vegetarian and Vegan Diets on Gut Microbiota
DOI:	10.3389/fnut.2019.00047	**Fecha:**	2019 Apr 17
Sitio web:	PubMed Central (PMC)	**Editorial:**	Frontiers in Nutrition

[s48] - https://pmc.ncbi.nlm.nih.gov/articles/PMC5751248/

Autor:	Lara Costantini, Romina Molinari, Barbara Farinon, Nicolò Merendino	**Título:**	Impact of Omega-3 Fatty Acids on the Gut Microbiota
por:	Tuscia University	**DOI:**	10.3390/ijms18122645
Fecha:	2017 Dec 7	**Sitio web:**	PubMed Central (PMC)
Editorial:	International Journal of Molecular Sciences		

[s49] - https://pmc.ncbi.nlm.nih.gov/articles/PMC7801035/

Autor:	Yawei Fu, Yadong Wang, Hu Gao, DongHua Li, RuiRui Jiang, Lingrui Ge, Chao Tong, Kang Xu	**Título:**	Associations among Dietary Omega-3 Polyunsaturated Fatty Acids, the Gut Microbiota, and Intestinal Immunity
por:	College of Animal Science and Technology, Henan Agricultural University; Key Laboratory of Agro-ecological Processes in Subtropical Region, Institute of Subtropical Agriculture, Chinese Academy of Sciences; Hunan Biological and Electromechanical Polytechnic; State Key Laboratory of Developmental Biology of Freshwater Fish, College of Life Sciences, Hunan Normal University	**DOI:**	10.1155/2021/8879227
Fecha:	2021 Jan 2	**Sitio web:**	PubMed Central (PMC)
Editorial:	Mediators of Inflammation		

[s50] - https://pmc.ncbi.nlm.nih.gov/articles/PMC4030645/

Autor:	Angela M Zivkovic, Natalie Telis, J Bruce German, Bruce D Hammock	**Título:**	Dietary omega-3 fatty acids aid in the modulation of inflammation and metabolic health
por:	University of California, Davis	**DOI:**	10.3733/ca.v065n03p106
Fecha:	2011 July-September	**Sitio web:**	PubMed Central (PMC)

[s51] - https://pmc.ncbi.nlm.nih.gov/articles/PMC10057655/

Autor:	Antonina Kurowska, Wojciech Ziemichód, Mariola Herbet, Iwona Pią tkowska-Chmiel	**Título:**	The Role of Diet as a Modulator of the Inflammatory Process in the Neurological Diseases
por:	Medical University of Lublin	**DOI:**	10.3390/nu15061436
Fecha:	2023 Mar 16	**Sitio web:**	PubMed Central (PMC)
Editorial:	Nutrients		

[s52] - https://pmc.ncbi.nlm.nih.gov/articles/PMC8007165/

Autor:	Ana Nogal, Ana M Valdes, Cristina Menni	**Título:**	The role of short-chain fatty acids in the interplay between gut microbiota and diet in cardio-metabolic health
DOI:	10.1080/19490976.2021.1897212	**Fecha:**	2021 Mar 25
Sitio web:	PubMed Central (PMC)		

[s53] - https://pmc.ncbi.nlm.nih.gov/articles/PMC8321864/

Autor:	Kirsten Berding, Klara Vlckova, Wolfgang Marx, Harriet Schellekens, Catherine Stanton, Gerard Clarke, Felice Jacka, Timothy G Dinan, John F Cryan	**Título:**	Diet and the Microbiota–Gut–Brain Axis: Sowing the Seeds of Good Mental Health
por:	National Center for Biotechnology Information (NCBI)	**DOI:**	10.1093/advances/nmaa181
Fecha:	2021 Mar 9	**Sitio web:**	PubMed Central (PMC)
Editorial:	Oxford University Press		

[s54] - https://www.ncbi.nlm.nih.gov/pmc/articles/PMC10048542/

Autor:	Siyu Liu, Lu Cheng, Yanan Liu, Shengnan Zhan, Zufang Wu, Xin Zhang	**Título:**	Relationship between Dietary Polyphenols and Gut Microbiota: New Clues to Improve Cognitive Disorders, Mood Disorders and Circadian Rhythms
por:	Ningbo University, Rutgers, The State University of New Jersey	**DOI:**	10.3390/foods12061309
Fecha:	2023 Mar 19	**Sitio web:**	PubMed Central (PMC)
Editorial:	Foods		

[s55] - https://pmc.ncbi.nlm.nih.gov/articles/PMC7824117/

Autor:	Amaia Iriondo-DeHond, José Antonio Uranga, Maria Dolores del Castillo, Raquel Abalo	**Título:**	Effects of Coffee and Its Components on the Gastrointestinal Tract and the Brain–Gut Axis
por:	Instituto de Investigación en Ciencias de la Alimentación (CIAL) (CSIC-UAM), Universidad Rey Juan Carlos (URJC)	**DOI:**	10.3390/nu13010088
Fecha:	2020 Dec 29	**Sitio web:**	PubMed Central (PMC)
Editorial:	MDPI		

[s56] - https://pmc.ncbi.nlm.nih.gov/articles/PMC10057655/

Autor:	Antonina Kurowska, Wojciech Ziemichód, Mariola Herbet, Iwona Pią tkowska-Chmiel	**Título:**	The Role of Diet as a Modulator of the Inflammatory Process in the Neurological Diseases
por:	Medical University of Lublin	**DOI:**	10.3390/nu15061436
Fecha:	2023 Mar 16	**Sitio web:**	PMC
Editorial:	Nutrients		

[s57] - https://pmc.ncbi.nlm.nih.gov/articles/PMC2805706/

Autor:	Fernando Gómez-Pinilla	**Título:**	Brain foods: the effects of nutrients on brain function
por:	University of California at Los Angeles School of Medicine	**DOI:**	10.1038/nrn2421
Fecha:	2008 Jul	**Sitio web:**	PubMed Central (PMC)
Editorial:	Nature reviews. Neuroscience		

[s58] - https://www.nia.nih.gov/news/beyond-brain-gut-microbiome-and-alzheimers-disease

Título:	Beyond the brain: The gut microbiome and Alzheimer's disease	**por:**	National Institute on Aging (NIA)
Sitio web:	National Institute on Aging		

[s59] - https://pmc.ncbi.nlm.nih.gov/articles/PMC10455396/

Autor:	Tuba Shahid Chaudhry, Sidhartha Gautam Senapati, Srikanth Gadam, Hari Priya Sri Sai Mannam, Hima Varsha Voruganti, Zainab Abbasi, Tushar Abhinav, Apurva Bhavana Challa, Namratha Pallipamu, Niharika Bheemisetty, Shivaram P Arunachalam	**Título:**	The Impact of Microbiota on the Gut–Brain Axis: Examining the Complex Interplay and Implications
por:	Mayo Clinic	**DOI:**	10.3390/jcm12165231
Fecha:	2023 Aug 11	**Sitio web:**	PMC
Editorial:	Journal of Clinical Medicine		

[s60] - https://pmc.ncbi.nlm.nih.gov/articles/PMC2805706/

Autor:	Fernando Gómez-Pinilla	**Título:**	Brain foods: the effects of nutrients on brain function
por:	University of California at Los Angeles School of Medicine	**DOI:**	10.1038/nrn2421
Fecha:	2008 Jul	**Sitio web:**	PubMed Central (PMC)
Editorial:	Nature reviews. Neuroscience		

[s61] - https://pmc.ncbi.nlm.nih.gov/articles/PMC9021202/

Autor:	J Horn, D E Mayer, S Chen, E A Mayer	**Título:**	Role of diet and its effects on the gut microbiome in the pathophysiology of mental disorders
DOI:	10.1038/s41398-022-01922-0	**Fecha:**	2022 Apr 20
Sitio web:	PubMed Central (PMC)	**Editorial:**	Translational Psychiatry

[s62] - https://www.nia.nih.gov/news/beyond-brain-gut-microbiome-and-alzheimers-disease

Título:	Beyond the brain: The gut microbiome and Alzheimer's disease	**por:**	National Institute on Aging (NIA)
Sitio web:	National Institute on Aging		

[s63] - https://pmc.ncbi.nlm.nih.gov/articles/PMC4728667/

Autor:	Trisha A Jenkins, Jason C D Nguyen, Kate E Polglaze, Paul P Bertrand	**Título:**	Influence of Tryptophan and Serotonin on Mood and Cognition with a Possible Role of the Gut-Brain Axis
por:	RMIT University; University of New South Wales	**DOI:**	10.3390/nu8010056
Fecha:	2016 Jan 20	**Sitio web:**	PubMed Central (PMC)
Editorial:	Nutrients		

[s64] - https://pmc.ncbi.nlm.nih.gov/articles/PMC8470960/

Autor:	Jip Gudden, Alejandro Arias Vasquez, Mirjam Bloemendaal	**Título:**	The Effects of Intermittent Fasting on Brain and Cognitive Function
por:	Radboud University Medical Center	**DOI:**	10.3390/nu13093166
Fecha:	2021 Sep 10	**Sitio web:**	PubMed Central (PMC)
Editorial:	Nutrients		

[s65] - https://pmc.ncbi.nlm.nih.gov/articles/PMC7828103/

Autor:	Kathrin Cohen Kadosh, Leilani Muhardi, Panam Parikh, Melissa Basso, Hamid Jan Jan Mohamed, Titis Prawitasari, Folake Samuel, Guansheng Ma, Jan M W Geurts	**Título:**	Nutritional Support of Neurodevelopment and Cognitive Function in Infants and Young Children—An Update and Novel Insights
DOI:	10.3390/nu13010199	**Fecha:**	2021 Jan 10
Sitio web:	PubMed Central (PMC)	**Editorial:**	Nutrients

[s66] - https://pmc.ncbi.nlm.nih.gov/articles/PMC2077351/

Autor:	Simon N Young	**Título:**	How to increase serotonin in the human brain without drugs
por:	National Library of Medicine (NLM); National Center for Biotechnology Information (NCBI)	**Fecha:**	2007 Nov
Sitio web:	PubMed Central (PMC)	**Editorial:**	Journal of Psychiatry & Neuroscience : JPN

[s67] - https://pmc.ncbi.nlm.nih.gov/articles/PMC7322666/

Autor:	Joseph Firth, James E Gangwisch, Alessandra Borsini, Robyn E Wootton, Emeran A Mayer	**Título:**	Food and mood: how do diet and nutrition affect mental wellbeing?
DOI:	10.1136/bmj.m2382	**Fecha:**	2020 Jun 29
Sitio web:	PubMed Central (PMC)	**Editorial:**	The BMJ

[s68] - https://pmc.ncbi.nlm.nih.gov/articles/PMC10083484/

Autor:	Seema Puri, Majida Shaheen, Bhanvi Grover	**Título:**	Nutrition and cognitive health: A life course approach
por:	University of Delhi	**DOI:**	10.3389/fpubh.2023.1023907
Fecha:	2023 Mar 27	**Sitio web:**	PubMed Central (PMC)
Editorial:	Frontiers in Public Health		

[s69] - https://pmc.ncbi.nlm.nih.gov/articles/PMC2805706/

Autor:	Fernando Gómez-Pinilla	**Título:**	Brain foods: the effects of nutrients on brain function
por:	University of California at Los Angeles School of Medicine	**DOI:**	10.1038/nrn2421
Fecha:	2008 Jul	**Sitio web:**	PubMed Central (PMC)
Editorial:	Nature reviews. Neuroscience		

[s70] - https://pmc.ncbi.nlm.nih.gov/articles/PMC4772032/

Autor:	David O Kennedy	**Título:**	B Vitamins and the Brain: Mechanisms, Dose and Efficacy—A Review
por:	Northumbria University	**DOI:**	10.3390/nu8020068
Fecha:	2016 Jan 28	**Sitio web:**	PubMed Central (PMC)
Editorial:	Nutrients		

[s71] - https://pmc.ncbi.nlm.nih.gov/articles/PMC8719029/

Autor:	Kirsten Berding, Carina Carbia, John F Cryan	**Título:**	Going with the grain: Fiber, cognition, and the microbiota-gut-brain-axis
por:	APC Microbiome Ireland, University College Cork	**DOI:**	10.1177/15353702211995785
Fecha:	2021 Feb 28	**Sitio web:**	PubMed Central (PMC)
Editorial:	Experimental Biology and Medicine		

[s72] - https://pmc.ncbi.nlm.nih.gov/articles/PMC6478664/

Autor:	Aleksandra Tomova, Igor Bukovsky, Emilie Rembert, Willy Yonas, Jihad Alwarith, Neal D Barnard, Hana Kahleova	**Título:**	The Effects of Vegetarian and Vegan Diets on Gut Microbiota
DOI:	10.3389/fnut.2019.00047	**Fecha:**	2019 Apr 17
Sitio web:	PubMed Central (PMC)	**Editorial:**	Frontiers in Nutrition

[s73] - https://pmc.ncbi.nlm.nih.gov/articles/PMC8321864/

Autor:	Kirsten Berding, Klara Vlckova, Wolfgang Marx, Harriet Schellekens, Catherine Stanton, Gerard Clarke, Felice Jacka, Timothy G Dinan, John F Cryan	**Título:**	Diet and the Microbiota–Gut–Brain Axis: Sowing the Seeds of Good Mental Health
DOI:	10.1093/advances/nmaa181	**Fecha:**	2021 Mar 9
Sitio web:	PubMed Central (PMC)	**Editorial:**	Advances in Nutrition

[s74] - https://pmc.ncbi.nlm.nih.gov/articles/PMC7213601/

Autor:	Annelise Madison, Janice K Kiecolt-Glaser	**Título:**	Stress, depression, diet, and the gut microbiota: human–bacteria interactions at the core of psychoneuroimmunology and nutrition
por:	The Ohio State University	**DOI:**	10.1016/j.cobeha.2019.01.011
Fecha:	2019 Mar 25	**Sitio web:**	PubMed Central (PMC)

[s75] - https://pmc.ncbi.nlm.nih.gov/articles/PMC9021202/

Autor:	J Horn, D E Mayer, S Chen, E A Mayer	**Título:**	Role of diet and its effects on the gut microbiome in the pathophysiology of mental disorders
por:	G. Oppenheimer Center for Neurobiology of Stress and Resilience, Vatche and Tamar Manoukian Division of Digestive Diseases, David Geffen School of Medicine at UCLA, Los Angeles, CA USA MayerInterconnected, LLC, Los Angeles, CA USA University of California, San Francisco, CA USA	**DOI:**	10.1038/s41398-022-01922-0
Fecha:	2022 Apr 20	**Sitio web:**	PubMed Central (PMC)
Editorial:	Translational Psychiatry		

[s76] - https://www.ncbi.nlm.nih.gov/pmc/articles/PMC9553262/

Autor:	Gabriela Ribeiro, Aimone Ferri, Gerard Clarke, John F Cryan	**Título:**	Diet and the microbiota–gut–brain-axis: a primer for clinical nutrition
por:	APC Microbiome Ireland, University College Cork	**DOI:**	10.1097/MCO.0000000000000874
Fecha:	2022 Sep 14	**Sitio web:**	PubMed Central (PMC)
Editorial:	Current Opinion in Clinical Nutrition and Metabolic Care		

[s77] - https://pmc.ncbi.nlm.nih.gov/articles/PMC7213601/

Autor:	Annelise Madison, Janice K Kiecolt-Glaser	**Título:**	Stress, depression, diet, and the gut microbiota: human–bacteria interactions at the core of psychoneuroimmunology and nutrition
por:	The Ohio State University College of Medicine	**DOI:**	10.1016/j.cobeha.2019.01.011
Fecha:	2019 Mar 25	**Sitio web:**	PubMed Central (PMC)

[s78] - https://pmc.ncbi.nlm.nih.gov/articles/PMC8321864/

Autor:	Kirsten Berding, Klara Vlckova, Wolfgang Marx, Harriet Schellekens, Catherine Stanton, Gerard Clarke, Felice Jacka, Timothy G Dinan, John F Cryan	**Título:**	Diet and the Microbiota–Gut–Brain Axis: Sowing the Seeds of Good Mental Health
por:	APC Microbiome Ireland, Deakin University, Teagasc Food Research Centre, Murdoch Children's Research Institute, Black Dog Institute, James Cook University, University College Cork	**DOI:**	10.1093/advances/nmaa181
Fecha:	2021 Mar 9	**Sitio web:**	PubMed Central (PMC)
Editorial:	Advances in Nutrition		

[s79] - https://www.ncbi.nlm.nih.gov/pmc/articles/PMC7841622/

Autor:	Arpana Gupta, Vadim Osadchiy, Emeran A Mayer	**Título:**	Brain–gut–microbiome interactions in obesity and food addiction
por:	University of California Los Angeles (UCLA)	**DOI:**	10.1038/s41575-020-0341-5
Fecha:	2020 Aug 27	**Sitio web:**	PMC (PubMed Central)
Editorial:	Nature reviews. Gastroenterology & hepatology		

[s80] - https://pmc.ncbi.nlm.nih.gov/articles/PMC10773664/

Autor:	Tariq Aziz, Nageen Hussain, Zunaira Hameed, Lin Lin	**Título:**	Elucidating the role of diet in maintaining gut health to reduce the risk of obesity, cardiovascular and other age-related inflammatory diseases: recent challenges and future recommendations
DOI:	10.1080/19490976.2023.2297864	**Fecha:**	2024 Jan 4
Sitio web:	PMC (PubMed Central)		

[s81] - https://pmc.ncbi.nlm.nih.gov/articles/PMC5648614/

Autor:	Sara M Edwards, Solveig A Cunningham, Anne L Dunlop, Elizabeth J Corwin	**Título:**	The Maternal Gut Microbiome during Pregnancy
por:	Laney Graduate School and Nell Hodgson Woodruff School of Nursing, Emory University; Rollins School of Public Health, Emory University; Nell Hodgson Woodruff School of Nursing, Emory University	**DOI:**	10.1097/NMC.0000000000000372
Fecha:	2017 Nov-Dec	**Sitio web:**	PubMed Central (PMC)
Editorial:	MCN. The American journal of maternal child nursing		

[s82] - https://pmc.ncbi.nlm.nih.gov/articles/PMC7841622/

Autor:	Arpana Gupta, Vadim Osadchiy, Emeran A Mayer	**Título:**	Brain–gut–microbiome interactions in obesity and food addiction
por:	University of California Los Angeles (UCLA)	**DOI:**	10.1038/s41575-020-0341-5
Fecha:	2020 Aug 27	**Sitio web:**	PubMed Central (PMC)
Editorial:	Nature reviews. Gastroenterology & hepatology		

[s83] - https://www.ncbi.nlm.nih.gov/pmc/articles/PMC7841622/

Autor:	Arpana Gupta, Vadim Osadchiy, Emeran A Mayer	**Título:**	Brain–gut–microbiome interactions in obesity and food addiction
por:	University of California Los Angeles (UCLA)	**DOI:**	10.1038/s41575-020-0341-5
Fecha:	2020 Aug 27	**Sitio web:**	PubMed Central (PMC)
Editorial:	Nature reviews. Gastroenterology & hepatology		

[s84] - https://pmc.ncbi.nlm.nih.gov/articles/PMC6469458/

Autor:	Jeremy Appleton	**Título:**	The Gut-Brain Axis: Influence of Microbiota on Mood and Mental Health
Fecha:	2018 Aug	**Sitio web:**	PubMed Central (PMC)
Editorial:	Integrative Medicine: A Clinician's Journal		

[s85] - https://pmc.ncbi.nlm.nih.gov/articles/PMC4566439/

Autor:	Matthew J Bull, Nigel T Plummer	**Título:**	Part 1: The Human Gut Microbiome in Health and Disease
Fecha:	2014 Dec	**Sitio web:**	PubMed Central (PMC)
Editorial:	Integrative Medicine: A Clinician's Journal		

[s86] - https://pmc.ncbi.nlm.nih.gov/articles/PMC5433529/

Autor:	Elizabeth Thursby, Nathalie Juge	**Título:**	Introduction to the human gut microbiota
por:	Institute of Food Research	**DOI:**	10.1042/BCJ20160510
Fecha:	2017 May 16	**Sitio web:**	PMC
Editorial:	Biochemical Journal		

[s87] - https://pmc.ncbi.nlm.nih.gov/articles/PMC7824117/

Autor:	Amaia Iriondo-DeHond, José Antonio Uranga, Maria Dolores del Castillo, Raquel Abalo	**Título:**	Effects of Coffee and Its Components on the Gastrointestinal Tract and the Brain–Gut Axis
DOI:	10.3390/nu13010088	**Fecha:**	2020 Dec 29
Sitio web:	PubMed Central (PMC)	**Editorial:**	Nutrients

[s88] - https://pmc.ncbi.nlm.nih.gov/articles/PMC10740793/

Autor:	Svenja Nolte, Karsten Krüger, Claudia Lenz, Karen Zentgraf	**Título:**	Optimizing the Gut Microbiota for Individualized Performance Development in Elite Athletes
por:	University of Giessen, Goethe University Frankfurt	**DOI:**	10.3390/biology12121491
Fecha:	2023 Dec 5	**Sitio web:**	PubMed Central (PMC)
Editorial:	Biology		

[s89] - https://pmc.ncbi.nlm.nih.gov/articles/PMC4056765/

Autor:	Yasmine Belkaid, Timothy Hand	**Título:**	Role of the Microbiota in Immunity and inflammation
por:	National Institute of Allergy and Infectious Disease, NIH	**DOI:**	10.1016/j.cell.2014.03.011
Fecha:	2014 Mar 27	**Sitio web:**	PubMed Central (PMC)
Editorial:	Cell		

[s90] - https://pmc.ncbi.nlm.nih.gov/articles/PMC7353203/

Autor:	Jovana Knezevic, Christina Starchl, Adelina Tmava Berisha, Karin Amrein	**Título:**	Thyroid-Gut-Axis: How Does the Microbiota Influence Thyroid Function?
por:	Medical University of Graz	**DOI:**	10.3390/nu12061769
Fecha:	2020 Jun 12	**Sitio web:**	PubMed Central (PMC)
Editorial:	Nutrients		

[s91] - https://pmc.ncbi.nlm.nih.gov/articles/PMC7213601/

Autor:	Annelise Madison, Janice K Kiecolt-Glaser	**Título:**	Stress, depression, diet, and the gut microbiota: human–bacteria interactions at the core of psychoneuroimmunology and nutrition
por:	The Ohio State University College of Medicine	**DOI:**	10.1016/j.cobeha.2019.01.011
Fecha:	2019 Mar 25	**Sitio web:**	PubMed Central (PMC)

[s92] - https://pmc.ncbi.nlm.nih.gov/articles/PMC3539293/

Autor:	Peera Hemarajata, James Versalovic	**Título:**	Effects of probiotics on gut microbiota: mechanisms of intestinal immunomodulation and neuromodulation
por:	Baylor College of Medicine and Texas Children's Hospital	**DOI:**	10.1177/1756283X12459294
Fecha:	2013 Jan	**Sitio web:**	PubMed Central (PMC)
Editorial:	Therapeutic Advances in Gastroenterology		

[s93] - https://pmc.ncbi.nlm.nih.gov/articles/PMC7601389/

Autor:	Katie Louise Tooley	**Título:**	Effects of the Human Gut Microbiota on Cognitive Performance, Brain Structure and Function: A Narrative Review
por:	Defence Science & Technology, Department of Defence, Edinburgh, SA 5111, Australia	**DOI:**	10.3390/nu12103009
Fecha:	2020 Sep 30	**Sitio web:**	PubMed Central (PMC)
Editorial:	Nutrients		

[s94] - https://pmc.ncbi.nlm.nih.gov/articles/PMC5372947/

Autor:	Marina Sanchez, Christian Darimont, Shirin Panahi, Vicky Drapeau, André Marette, Valerie H Taylor, Jean Doré, Angelo Tremblay	**Título:**	Effects of a Diet-Based Weight-Reducing Program with Probiotic Supplementation on Satiety Efficiency, Eating Behaviour Traits, and Psychosocial Behaviours in Obese Individuals
DOI:	10.3390/nu9030284	**Fecha:**	2017 Mar 15
Sitio web:	PubMed Central (PMC)	**Editorial:**	Nutrients

[s95] - https://pmc.ncbi.nlm.nih.gov/articles/PMC5736941/

Autor:	Jane A Foster, Linda Rinaman, John F Cryan	**Título:**	Stress & the gut-brain axis: Regulation by the microbiome
DOI:	10.1016/j.ynstr.2017.03.001	**Fecha:**	2017 Mar 19
Sitio web:	PubMed Central (PMC)	**Editorial:**	Neurobiology of Stress

[s96] - https://pmc.ncbi.nlm.nih.gov/articles/PMC8962300/

Autor:	Sevag Hamamah, Armin Aghazarian, Anthony Nazaryan, Andras Hajnal, Mihai Covasa	**Título:**	Role of Microbiota-Gut-Brain Axis in Regulating Dopaminergic Signaling
por:	Western University of Health Sciences, The Pennsylvania State University, University of Suceava	**DOI:**	10.3390/biomedicines10020436
Fecha:	2022 Feb 13	**Sitio web:**	PMC (PubMed Central)
Editorial:	MDPI		

[s97] - https://pmc.ncbi.nlm.nih.gov/articles/PMC6363529/

Autor:	Julio Plaza-Diaz, Francisco Javier Ruiz-Ojeda, Mercedes Gil-Campos, Angel Gil	**Título:**	Mechanisms of Action of Probiotics
por:	University of Granada; Reina Sofia University Hospital	**DOI:**	10.1093/advances/nmy063
Fecha:	2019 Feb 5	**Sitio web:**	PubMed Central (PMC)
Editorial:	Advances in Nutrition		

[s98] - https://pmc.ncbi.nlm.nih.gov/articles/PMC3539293/

Autor:	Peera Hemarajata, James Versalovic	**Título:**	Effects of probiotics on gut microbiota: mechanisms of intestinal immunomodulation and neuromodulation
por:	Baylor College of Medicine, Texas Children's Hospital	**DOI:**	10.1177/1756283X12459294
Fecha:	2013 Jan	**Sitio web:**	PubMed Central (PMC)
Editorial:	Therapeutic Advances in Gastroenterology		

[s99] - https://pmc.ncbi.nlm.nih.gov/articles/PMC6469458/

Autor:	Jeremy Appleton	**Título:**	The Gut-Brain Axis: Influence of Microbiota on Mood and Mental Health
Fecha:	2018 Aug	**Sitio web:**	PubMed Central (PMC)
Editorial:	Integrative Medicine: A Clinician's Journal		

[s100] - https://pmc.ncbi.nlm.nih.gov/articles/PMC5046167/

Autor:	Hans Raskov, Jakob Burcharth, Hans-Christian Pommergaard, Jacob Rosenberg	**Título:**	Irritable bowel syndrome, the microbiota and the gut-brain axis
por:	National Center for Biotechnology Information (NCBI)	**DOI:**	10.1080/19490976.2016.1218585
Fecha:	2016 Jul 29	**Sitio web:**	PMC (PubMed Central)
Editorial:	Gut Microbes		

[s101] - https://pmc.ncbi.nlm.nih.gov/articles/PMC4202343/

Autor:	Hong-Yan Qin, Chung-Wah Cheng, Xu-Dong Tang, Zhao-Xiang Bian	**Título:**	Impact of psychological stress on irritable bowel syndrome
DOI:	10.3748/wjg.v20.i39.14126	**Fecha:**	2014 Oct 21
Sitio web:	PubMed Central (PMC)	**Editorial:**	World Journal of Gastroenterology : WJG

[s102] - https://pmc.ncbi.nlm.nih.gov/articles/PMC5333596/

Autor:	Bartosz Brzozowski, Agnieszka Mazur-Bialy, Robert Pajdo, Slawomir Kwiecien, Jan Bilski, Malgorzata Zwolinska-Wcislo, Tomasz Mach, Tomasz Brzozowski	**Título:**	Mechanisms by which Stress Affects the Experimental and Clinical Inflammatory Bowel Disease (IBD): Role of Brain-Gut Axis
DOI:	10.2174/1570159X14666160404124127	**Fecha:**	2016 Nov
Sitio web:	PubMed Central (PMC)	**Editorial:**	Current Neuropharmacology

[s103] - https://pmc.ncbi.nlm.nih.gov/articles/PMC9796968/

Autor:	Katherine Dinan, Timothy Dinan	**Título:**	Antibiotics and mental health: The good, the bad and the ugly
DOI:	10.1111/joim.13543	**Fecha:**	2022 Jul 12
Sitio web:	PubMed Central (PMC)	**Editorial:**	Journal of Internal Medicine

[s104] - https://pmc.ncbi.nlm.nih.gov/articles/PMC5357536/

Autor:	Vincenzo Monda, Ines Villano, Antonietta Messina, Anna Valenzano, Teresa Esposito, Fiorenzo Moscatelli, Andrea Viggiano, Giuseppe Cibelli, Sergio Chieffi, Marcellino Monda, Giovanni Messina	**Título:**	Exercise Modifies the Gut Microbiota with Positive Health Effects
DOI:	10.1155/2017/3831972	**Fecha:**	2017 Mar 5
Sitio web:	PubMed Central (PMC)	**Editorial:**	Oxidative Medicine and Cellular Longevity

[s105] - https://pmc.ncbi.nlm.nih.gov/articles/PMC10518744/

Autor:	Mohammed Al-Beltagi, Nermin Kamal Saeed, Adel Salah Bediwy, Reem Elbeltagi, Rawan Alhawamdeh	**Título:**	Role of gastrointestinal health in managing children with autism spectrum disorder
DOI:	10.5409/wjcp.v12.i4.171	**Fecha:**	2023 Sep 9
Sitio web:	PubMed Central (PMC)	**Editorial:**	World Journal of Clinical Pediatrics

[s106] - https://pmc.ncbi.nlm.nih.gov/articles/PMC4367209/

Autor:	Marilia Carabotti, Annunziata Scirocco, Maria Antonietta Maselli, Carola Severi	**Título:**	The gut-brain axis: interactions between enteric microbiota, central and enteric nervous systems
Fecha:	2015 Apr-Jun	**Sitio web:**	PubMed Central (PMC)
Editorial:	Annals of Gastroenterology : Quarterly Publication of the Hellenic Society of Gastroenterology		

[s107] - https://pmc.ncbi.nlm.nih.gov/articles/PMC9504309/

Autor:	Leon M T Dicks	**Título:**	Gut Bacteria and Neurotransmitters
por:	Stellenbosch University	**DOI:**	10.3390/microorganisms10091838
Fecha:	2022 Sep 14	**Sitio web:**	PubMed Central (PMC)
Editorial:	Microorganisms		

[s108] - https://pmc.ncbi.nlm.nih.gov/articles/PMC8634751/

Autor:	Kara G Margolis, John F Cryan, Emeran A Mayer	**Título:**	The Microbiota-Gut-Brain Axis: From Motility to Mood
por:	Department of Pediatrics, Morgan Stanley Children's Hospital, Columbia University Irving Medical Center, New York, NY; Department of Anatomy & Neuroscience, University College Cork, Ireland, APC Microbiome Ireland, University College Cork, Ireland; G. Oppenheimer Center for Neurobiology of Stress and Resilience, Vachte and Tamar Manoukian Division of Digestive Diseases, David Geffen School of Medicine at UCLA, Los Angeles, California.	**DOI:**	10.1053/j.gastro.2020.10.066
Fecha:	2021 Jan 22	**Sitio web:**	PubMed Central (PMC)
Editorial:	Gastroenterology		

[s109] - https://pmc.ncbi.nlm.nih.gov/articles/PMC6469458/

Autor:	Jeremy Appleton	**Título:**	The Gut-Brain Axis: Influence of Microbiota on Mood and Mental Health
por:	National Center for Biotechnology Information (NCBI)	**Fecha:**	2018 Aug
Sitio web:	PubMed Central (PMC)	**Editorial:**	Integrative Medicine: A Clinician's Journal

[s110] - https://pmc.ncbi.nlm.nih.gov/articles/PMC4728667/

Autor:	Trisha A Jenkins, Jason C D Nguyen, Kate E Polglaze, Paul P Bertrand	**Título:**	Influence of Tryptophan and Serotonin on Mood and Cognition with a Possible Role of the Gut-Brain Axis
por:	RMIT University; University of New South Wales	**DOI:**	10.3390/nu8010056
Fecha:	2016 Jan 20	**Sitio web:**	PubMed Central (PMC)
Editorial:	Nutrients		

[s111] - https://pmc.ncbi.nlm.nih.gov/articles/PMC10316519/

Autor:	Jody A Rusch, Brian T Layden, Lara R Dugas	**Título:**	Signalling cognition: the gut microbiota and hypothalamic-pituitary-adrenal axis
DOI:	10.3389/fendo.2023.1130689	**Fecha:**	2023 Jun 19
Sitio web:	PubMed Central (PMC)	**Editorial:**	Frontiers in Endocrinology

[s112] - https://pmc.ncbi.nlm.nih.gov/articles/PMC10146621/

Autor:	Akash Kumar, Jhilam Pramanik, Nandani Goyal, Dimple Chauhan, Bhagavathi Sundaram Sivamaruthi, Bhupendra G Prajapati, Chaiyavat Chaiyasut	**Título:**	Gut Microbiota in Anxiety and Depression: Unveiling the Relationships and Management Options
DOI:	10.3390/ph16040565	**Fecha:**	2023 Apr 9
Sitio web:	PubMed Central (PMC)	**Editorial:**	Pharmaceuticals

[s113] - https://pmc.ncbi.nlm.nih.gov/articles/PMC7213601/

Autor:	Annelise Madison, Janice K Kiecolt-Glaser	**Título:**	Stress, depression, diet, and the gut microbiota: human–bacteria interactions at the core of psychoneuroimmunology and nutrition
DOI:	10.1016/j.cobeha.2019.01.011	**Fecha:**	2019 Mar 25
Sitio web:	PubMed Central (PMC)	**Editorial:**	Current opinion in behavioral sciences

[s114] - https://pmc.ncbi.nlm.nih.gov/articles/PMC9009523/

Autor:	Laura Mitrea, Silvia-Amalia Nemeş, Katalin Szabo, Bernadette-Emőke Teleky, Dan-Cristian Vodnar	**Título:**	Guts Imbalance Imbalances the Brain: A Review of Gut Microbiota Association With Neurological and Psychiatric Disorders
por:	University of Agricultural Sciences and Veterinary Medicine of Cluj–Napoca, Cluj-Napoca, Romania	**DOI:**	10.3389/fmed.2022.813204
Fecha:	2022 Mar 31	**Sitio web:**	PMC
Editorial:	Frontiers in Medicine		

[s115] - https://www.mdpi.com/1422-0067/25/6/3340

Autor:	Corneliu Toader, Nicolaie Dobrin, Daniel Costea, Luca-Andrei Glavan, Razvan-Adrian Covache-Busuioc, David-Ioan Dumitrascu, Bogdan-Gabriel Bratu, Horia-Petre Costin, Alexandru Vlad Ciurea	**Título:**	Mind, Mood and Microbiota—Gut–Brain Axis in Psychiatric Disorders
por:	Multidisciplinary Digital Publishing Institute	**DOI:**	10.3390/ijms25063340
Fecha:	2024-03-15	**Sitio web:**	MDPI
Editorial:	Multidisciplinary Digital Publishing Institute		

[s116] - https://pmc.ncbi.nlm.nih.gov/articles/PMC8321864/

Autor:	Kirsten Berding, Klara Vlckova, Wolfgang Marx, Harriet Schellekens, Catherine Stanton, Gerard Clarke, Felice Jacka, Timothy G Dinan, John F Cryan	**Título:**	Diet and the Microbiota–Gut–Brain Axis: Sowing the Seeds of Good Mental Health
DOI:	10.1093/advances/nmaa181	**Fecha:**	2021 Mar 9
Sitio web:	PubMed Central (PMC)	**Editorial:**	Advances in Nutrition

[s117] - https://pmc.ncbi.nlm.nih.gov/articles/PMC10410452/

Autor:	Fereshteh Ansari, Mehrdad Neshat, Hadi Pourjafar, Seid Mahdi Jafari, Shohreh Alian Samakkhah, Esmaeel Mirzakhani	**Título:**	The role of probiotics and prebiotics in modulating of the gut-brain axis
DOI:	10.3389/fnut.2023.1173660	**Fecha:**	2023 Jul 26
Sitio web:	PMC	**Editorial:**	Frontiers in Nutrition

[s118] - https://pmc.ncbi.nlm.nih.gov/articles/PMC5859128/

Autor:	Sigrid Breit, Aleksandra Kupferberg, Gerhard Rogler, Gregor Hasler	**Título:**	Vagus Nerve as Modulator of the Brain–Gut Axis in Psychiatric and Inflammatory Disorders
por:	University of Bern, University Hospital Zurich	**DOI:**	10.3389/fpsyt.2018.00044
Fecha:	2018 Mar 13	**Sitio web:**	PMC (PubMed Central)
Editorial:	Frontiers in Psychiatry		

[s119] - https://pmc.ncbi.nlm.nih.gov/articles/PMC7841622/

Autor:	Arpana Gupta, Vadim Osadchiy, Emeran A Mayer	**Título:**	Brain–gut–microbiome interactions in obesity and food addiction
por:	University of California Los Angeles (UCLA)	**DOI:**	10.1038/s41575-020-0341-5
Fecha:	2020 Aug 27	**Sitio web:**	PubMed Central (PMC)
Editorial:	Nature reviews. Gastroenterology & hepatology		

[s120] - https://pmc.ncbi.nlm.nih.gov/articles/PMC4303825/

Autor:	Michael A Conlon, Anthony R Bird	**Título:**	The Impact of Diet and Lifestyle on Gut Microbiota and Human Health
por:	CSIRO Food and Nutrition Flagship	**DOI:**	10.3390/nu7010017
Fecha:	2014 Dec 24	**Sitio web:**	PubMed Central (PMC)
Editorial:	Nutrients		

[s121] - https://pmc.ncbi.nlm.nih.gov/articles/PMC2805706/

Autor:	Fernando Gómez-Pinilla	**Título:**	Brain foods: the effects of nutrients on brain function
por:	University of California at Los Angeles School of Medicine	**DOI:**	10.1038/nrn2421
Fecha:	2008 Jul	**Sitio web:**	PubMed Central (PMC)
Editorial:	Nature reviews. Neuroscience		

[s122] - https://pmc.ncbi.nlm.nih.gov/articles/PMC8166071/

Autor:	Pei-Lin Yang, Margaret M Heitkemper, Kendra J Kamp	**Título:**	Irritable bowel syndrome in midlife women: a narrative review
por:	National Center for Biotechnology Information (NCBI)	**DOI:**	10.1186/s40695-021-00064-5
Fecha:	2021 May 31	**Sitio web:**	PubMed Central (PMC)

[s123] - https://pmc.ncbi.nlm.nih.gov/articles/PMC10251360/

Autor:	Souhad Chbeir, Victor Carrión	**Título:**	Resilience by design: How nature, nurture, environment, and microbiome mitigate stress and allostatic load
por:	Stanford University	**DOI:**	10.5498/wjp.v13.i5.144
Fecha:	2023 May 19	**Sitio web:**	PubMed Central (PMC)
Editorial:	World Journal of Psychiatry		

[s124] - https://pmc.ncbi.nlm.nih.gov/articles/PMC10643752/

Autor:	Aniket Jagtap, Balasaheb Jagtap, Rajlaxmi Jagtap, Yashwant Lamture, Kavita Gomase	**Título:**	Effects of Prenatal Stress on Behavior, Cognition, and Psychopathology: A Comprehensive Review
por:	Jawaharlal Nehru Medical College, Datta Meghe Institute of Higher Education and Research; Annasaheb Chaudaman Patil Memorial Medical College; Bharti Vidyapeeth Deemed University; Srimati Radhikabai Meghe Memorial College of Nursing, Datta Meghe Institute of Higher Education and Research	**DOI:**	10.7759/cureus.47044
Fecha:	2023 Oct 14	**Sitio web:**	PubMed Central (PMC)
Editorial:	Cureus		

[s125] - https://www.mdpi.com/2076-2607/9/9/1938

Autor:	Itzhak Dangoor, Dušanka Stanić, Leah Reshef, Vesna Pešić, Uri Gophna	**Título:**	Specific Changes in the Mammalian Gut Microbiome as a Biomarker for Oxytocin-Induced Behavioral Changes
por:	Multidisciplinary Digital Publishing Institute	**DOI:**	10.3390/microorganisms9091938
Fecha:	2021-09-12	**Sitio web:**	MDPI
Editorial:	Multidisciplinary Digital Publishing Institute		

[s126] - https://pmc.ncbi.nlm.nih.gov/articles/PMC10681626/

Autor:	Annaluisa Ranieri, Cristina Mennitti, Noemi Falcone, Ilaria La Monica, Maria Rosaria Di Iorio, Lorella Tripodi, Alessandro Gentile, Maria Vitale, Raffaella Pero, Lucio Pastore, Valeria D'Argenio, Olga Scudiero, Barbara Lombardo	**Título:**	Positive effects of physical activity in autism spectrum disorder: how influences behavior, metabolic disorder and gut microbiota
DOI:	10.3389/fpsyt.2023.1238797	**Fecha:**	2023 Oct 10
Sitio web:	PMC (PubMed Central)	**Editorial:**	Frontiers in Psychiatry

[s127] - https://pmc.ncbi.nlm.nih.gov/articles/PMC5449130/

Autor:	Goran Medic, Micheline Wille, Michiel EH Hemels	**Título:**	Short- and long-term health consequences of sleep disruption
por:	Horizon Pharma B.V., University of Groningen	**DOI:**	10.2147/NSS.S134864
Fecha:	2017 May 19	**Sitio web:**	PubMed Central (PMC)
Editorial:	Nature and Science of Sleep		

[s128] - https://pmc.ncbi.nlm.nih.gov/articles/PMC4377487/

Autor:	Tae Won Kim, Jong-Hyun Jeong, Seung-Chul Hong	**Título:**	The Impact of Sleep and Circadian Disturbance on Hormones and Metabolism
por:	Department of Psychiatry, College of Medicine, The Catholic University of Korea, Suwon, Seoul, Republic of Korea	**DOI:**	10.1155/2015/591729
Fecha:	2015 Mar 11	**Sitio web:**	PubMed Central (PMC)
Editorial:	International Journal of Endocrinology		

[s129] - https://pmc.ncbi.nlm.nih.gov/articles/PMC9103473/

Autor:	Monika Sejbuk, Iwona Mirończuk-Chodakowska, Anna Maria Witkowska	**Título:**	Sleep Quality: A Narrative Review on Nutrition, Stimulants, and Physical Activity as Important Factors
por:	Medical University of Bialystok	**DOI:**	10.3390/nu14091912
Fecha:	2022 May 2	**Sitio web:**	PubMed Central (PMC)
Editorial:	Nutrients		

[s130] - https://pmc.ncbi.nlm.nih.gov/articles/PMC7219460/

Autor:	Christine E Cherpak	**Título:**	Mindful Eating: A Review Of How The Stress-Digestion-Mindfulness Triad May Modulate And Improve Gastrointestinal And Digestive Function
por:	Maryland University of Integrative Health	**Fecha:**	2019 Aug
Sitio web:	PubMed Central (PMC)	**Editorial:**	Integrative Medicine: A Clinician's Journal

[s131] - https://pmc.ncbi.nlm.nih.gov/articles/PMC9528725/

Autor:	Rachel Selman, Kate Early, Brianna Battles, Misty Seidenburg, Elizabeth Wendel, Susan Westerlund	**Título:**	Maximizing Recovery in the Postpartum Period: A Timeline for Rehabilitation from Pregnancy through Return to Sport
por:	Physical Therapy, Benchmark Physical Therapy; Department of Kinesiology & Health Sciences, Columbus State University; Pregnancy and Postpartum Athleticism; Clinical Programs, Upstream Rehabilitation Institute; Urology, Piedmont Healthcare; Obstetrics and Gynecology, Piedmont Healthcare	**DOI:**	10.26603/001c.37863
Fecha:	2022 Oct 1	**Sitio web:**	PMC
Editorial:	International Journal of Sports Physical Therapy		

[s132] - https://pmc.ncbi.nlm.nih.gov/articles/PMC4651462/

Autor:	Andy R Eugene, Jolanta Masiak	**Título:**	The Neuroprotective Aspects of Sleep
por:	National Center for Biotechnology Information (NCBI)	**Fecha:**	2015 Mar
Sitio web:	PubMed Central (PMC)	**Editorial:**	MEDtube science

[s133] - https://pmc.ncbi.nlm.nih.gov/articles/PMC9474385/

Autor:	Angelika Elzbieta Wegierska, Ioannis Alexandros Charitos, Skender Topi, Maria Assunta Potenza, Monica Montagnani, Luigi Santacroce	**Título:**	The Connection Between Physical Exercise and Gut Microbiota: Implications for Competitive Sports Athletes
DOI:	10.1007/s40279-022-01696-x	**Fecha:**	2022 May 21
Sitio web:	PubMed Central (PMC)	**Editorial:**	SpringerOpen

[s134] - https://pmc.ncbi.nlm.nih.gov/articles/PMC6748614/

Autor:	Alyssa Dalton, Christine Mermier, Micah Zuhl	**Título:**	Exercise influence on the microbiome–gut–brain axis
por:	University of New Mexico	**DOI:**	10.1080/19490976.2018.1562268
Fecha:	2019 Jan 31	**Sitio web:**	PMC (PubMed Central)

[s135] - https://pmc.ncbi.nlm.nih.gov/articles/PMC5847071/

Autor:	Ian Rowland, Glenn Gibson, Almut Heinken, Karen Scott, Jonathan Swann, Ines Thiele, Kieran Tuohy	**Título:**	Gut microbiota functions: metabolism of nutrients and other food components
DOI:	10.1007/s00394-017-1445-8	**Fecha:**	2017 Apr 9
Sitio web:	PubMed Central (PMC)	**Editorial:**	European Journal of Nutrition

[s136] - https://pmc.ncbi.nlm.nih.gov/articles/PMC10773664/

Autor:	Tariq Aziz, Nageen Hussain, Zunaira Hameed, Lin Lin	**Título:**	Elucidating the role of diet in maintaining gut health to reduce the risk of obesity, cardiovascular and other age-related inflammatory diseases: recent challenges and future recommendations
DOI:	10.1080/19490976.2023.2297864	**Fecha:**	2024 Jan 4
Sitio web:	PMC	**Editorial:**	Gut Microbes

[s137] - https://pmc.ncbi.nlm.nih.gov/articles/PMC9268622/

Autor:	Corina-Bianca Ioniță-Mîndrican, Khaled Ziani, Magdalena Mititelu, Eliza Oprea, Sorinel Marius Neacșu, Elena Moroșan, Denisa-Elena Dumitrescu, Adrian Cosmin Roșca, Doina Drăgănescu, Carolina Negrei	**Título:**	Therapeutic Benefits and Dietary Restrictions of Fiber Intake: A State of the Art Review
por:	Carol Davila University of Medicine and Pharmacy, University of Bucharest, Professional Farma Line, Ovidius University of Constanta	**DOI:**	10.3390/nu14132641
Fecha:	2022 Jun 26	**Sitio web:**	PubMed Central (PMC)
Editorial:	Nutrients		

[s138] - https://pmc.ncbi.nlm.nih.gov/articles/PMC10097968/

Autor:	Timothy S Harlan, Rachel V Gow, Andreas Kornstädt, P Wolfram Alderson, Robert H Lustig	**Título:**	The Metabolic Matrix: Re-engineering ultraprocessed foods to feed the gut, protect the liver, and support the brain
por:	Division of General Internal Medicine, George Washington University School of Medicine and Health Sciences; Institute of Psychiatry, Psychology and Neuroscience (IoPPN), King's College London; Perfact; Human & Environmental Health Department, Kuwaiti Danish Dairy Company; Department of Pediatrics and Institute for Health Policy Studies, University of California, San Francisco	**DOI:**	10.3389/fnut.2023.1098453
Fecha:	2023 Mar 30	**Sitio web:**	PubMed Central (PMC)
Editorial:	Frontiers in Nutrition		

[s139] - https://pmc.ncbi.nlm.nih.gov/articles/PMC5622781/

Autor:	Paulina Markowiak, Katarzyna Śliż ewska	**Título:**	Effects of Probiotics, Prebiotics, and Synbiotics on Human Health
por:	Lodz University of Technology	**DOI:**	10.3390/nu9091021
Fecha:	2017 Sep 15	**Sitio web:**	PubMed Central (PMC)
Editorial:	Nutrients		

[s140] - https://pmc.ncbi.nlm.nih.gov/articles/PMC10455396/

Autor:	Tuba Shahid Chaudhry, Sidhartha Gautam Senapati, Srikanth Gadam, Hari Priya Sri Sai Mannam, Hima Varsha Voruganti, Zainab Abbasi, Tushar Abhinav, Apurva Bhavana Challa, Namratha Pallipamu, Niharika Bheemisetty, Shivaram P Arunachalam	**Título:**	The Impact of Microbiota on the Gut–Brain Axis: Examining the Complex Interplay and Implications
por:	Mayo Clinic	**DOI:**	10.3390/jcm12165231
Fecha:	2023 Aug 11	**Sitio web:**	PubMed Central (PMC)
Editorial:	MDPI		

[s141] - https://www.ncbi.nlm.nih.gov/pmc/articles/PMC10048542/

Autor:	Siyu Liu, Lu Cheng, Yanan Liu, Shengnan Zhan, Zufang Wu, Xin Zhang	**Título:**	Relationship between Dietary Polyphenols and Gut Microbiota: New Clues to Improve Cognitive Disorders, Mood Disorders and Circadian Rhythms
DOI:	10.3390/foods12061309	**Fecha:**	2023 Mar 19
Sitio web:	PubMed Central (PMC)	**Editorial:**	Foods

[s142] - https://pmc.ncbi.nlm.nih.gov/articles/PMC7824117/

Autor:	Amaia Iriondo-DeHond, José Antonio Uranga, Maria Dolores del Castillo, Raquel Abalo	**Título:**	Effects of Coffee and Its Components on the Gastrointestinal Tract and the Brain–Gut Axis
DOI:	10.3390/nu13010088	**Fecha:**	2020 Dec 29
Sitio web:	PubMed Central (PMC)	**Editorial:**	Nutrients

[s143] - https://pmc.ncbi.nlm.nih.gov/articles/PMC5859128/

Autor:	Sigrid Breit, Aleksandra Kupferberg, Gerhard Rogler, Gregor Hasler	**Título:**	Vagus Nerve as Modulator of the Brain–Gut Axis in Psychiatric and Inflammatory Disorders
por:	University Hospital of Psychiatry, University of Bern; University Hospital Zurich	**DOI:**	10.3389/fpsyt.2018.00044
Fecha:	2018 Mar 13	**Sitio web:**	PubMed Central (PMC)
Editorial:	Frontiers in Psychiatry		

[s144] - https://pmc.ncbi.nlm.nih.gov/articles/PMC8198395/

Autor:	Marina Romaní-Pérez, Clara Bullich-Vilarrubias, Inmaculada López-Almela, Rebeca Liébana-García, Marta Olivares, Yolanda Sanz	**Título:**	The Microbiota and the Gut–Brain Axis in Controlling Food Intake and Energy Homeostasis
por:	Institute of Agrochemistry and Food Technology, National Research Council (IATA-CSIC)	**DOI:**	10.3390/ijms22115830
Fecha:	2021 May 29	**Sitio web:**	PubMed Central (PMC)
Editorial:	International Journal of Molecular Sciences		

[s145] - https://pmc.ncbi.nlm.nih.gov/articles/PMC6469458/

Autor:	Jeremy Appleton	**Título:**	The Gut-Brain Axis: Influence of Microbiota on Mood and Mental Health
Fecha:	2018 Aug	**Sitio web:**	PubMed Central (PMC)
Editorial:	Integrative Medicine: A Clinician's Journal		

[s146] - https://pmc.ncbi.nlm.nih.gov/articles/PMC8007165/

Autor:	Ana Nogal, Ana M Valdes, Cristina Menni	**Título:**	The role of short-chain fatty acids in the interplay between gut microbiota and diet in cardio-metabolic health
por:	Department of Twin Research, King's College London, St Thomas' Hospital Campus, London, UK; School of Medicine, Nottingham City Hospital, Nottingham, UK; NIHR Nottingham Biomedical Research Centre, Nottingham, UK	**DOI:**	10.1080/19490976.2021.1897212
Fecha:	2021 Mar 25	**Sitio web:**	PubMed Central (PMC)
Editorial:	Gut Microbes		

[s147] - https://pmc.ncbi.nlm.nih.gov/articles/PMC8321864/

Autor:	Kirsten Berding, Klara Vlckova, Wolfgang Marx, Harriet Schellekens, Catherine Stanton, Gerard Clarke, Felice Jacka, Timothy G Dinan, John F Cryan	**Título:**	Diet and the Microbiota–Gut–Brain Axis: Sowing the Seeds of Good Mental Health
DOI:	10.1093/advances/nmaa181	**Fecha:**	2021 Mar 9
Sitio web:	PubMed Central (PMC)	**Editorial:**	Advances in Nutrition

[s148] - https://www.nia.nih.gov/health/brain-health/cognitive-health-and-older-adults

Título:	Cognitive Health and Older Adults	**por:**	National Institute on Aging (NIA)
Sitio web:	National Institute on Aging	**Editorial:**	National Institutes of Health (NIH)

[s149] - https://www.nia.nih.gov/health/heart-health/heart-health-and-aging

Título:	Heart Health and Aging	**por:**	National Institute on Aging (NIA)
Sitio web:	National Institute on Aging		

[s150] - https://www.niddk.nih.gov/health-information/diabetes/overview/preventing-problems/heart-disease-stroke

Título:	Diabetes, Heart Disease, & Stroke - NIDDK	**por:**	National Institute of Diabetes and Digestive and Kidney Diseases (NIDDK)
Fecha:	2024-04-16	**Sitio web:**	NIDDK
Editorial:	NIDDK - National Institute of Diabetes and Digestive and Kidney Diseases		

[s151] - https://pmc.ncbi.nlm.nih.gov/articles/PMC10146621/

Autor:	Akash Kumar, Jhilam Pramanik, Nandani Goyal, Dimple Chauhan, Bhagavathi Sundaram Sivamaruthi, Bhupendra G Prajapati, Chaiyavat Chaiyasut	**Título:**	Gut Microbiota in Anxiety and Depression: Unveiling the Relationships and Management Options
DOI:	10.3390/ph16040565	**Fecha:**	2023 Apr 9
Sitio web:	PubMed Central (PMC)	**Editorial:**	Pharmaceuticals

[s152] - https://pubmed.ncbi.nlm.nih.gov/35052575/

Autor:	Forero-Rodríguez LJ, Josephs-Spaulding J, Flor S, Pinzón A, Kaleta C	**Título:**	Parkinson's Disease and the Metal-Microbiome-Gut-Brain Axis: A Systems Toxicology Approach
DOI:	10.3390/antiox11010071	**Fecha:**	12/28/2021
Sitio web:	PubMed	**Editorial:**	Antioxidants (Basel)

[s153] - https://www.nia.nih.gov/news/beyond-brain-gut-microbiome-and-alzheimers-disease

Título:	Beyond the brain: The gut microbiome and Alzheimer's disease	**por:**	National Institute on Aging (NIA)
Sitio web:	National Institute on Aging		

[s154] - https://hivinfo.nih.gov/understanding-hiv/fact-sheets/preventing-perinatal-transmission-hiv

Título:	Preventing Perinatal Transmission of HIV | NIH	**por:**	NIH (National Institutes of Health)
Sitio web:	hivinfo.nih.gov	**Editorial:**	NIH

Fuentes de imágenes

Las imágenes no listadas son de creación propia o fueron adquiridas con la licencia correspondiente. Todos los derechos están reservados para estas imágenes.

Para todas las demás imágenes listadas aquí:
Ninguna de las imágenes fue modificada, solo se ajustó la resolución. En la versión eBook, las imágenes se compilaron en collages numerados. Todas las imágenes permanecen sujetas a su licencia original y se utilizan de acuerdo con sus respectivos términos de licencia. Si descubre errores de atribución u otras discrepancias, contáctenos.

Fecha de la revisión final de la imagen: 2025-02-14.

Licencia utilizada

CC0 http://creativecommons.org/publicdomain/zero/1.0/deed.en

Créditos de imágenes

[i1] - 001_001_001_image_serotonin.jpeg
https://upload.wikimedia.org/wikipedia/commons/f/fa/Serotonin-3D-vdW.png

Date:	2010-01-02	**por:**	Esquilo
License:	Public domain		

[i2] - 001_002_001_image_kurzkettige_fettsaeuren.jpeg
https://upload.wikimedia.org/wikipedia/commons/2/2a/Acido_formico_struttura_modello.png

Date:	2006-03-30	**por:**	Javier martin
License:	Public domain		

[i3] - 001_002_002_image_butyrat.jpeg
https://upload.wikimedia.org/wikipedia/commons/2/25/Ethyl_butyrate-3D.png

Date:	2008-08-30	**por:**	Xxxx00
License:	Public domain		

[i4] - 001_002_002_image_dopamin.jpeg
https://upload.wikimedia.org/wikipedia/commons/d/d1/Dopamine-3D-struct.png

Date:	22 September 2009	**por:**	File Upload Bot (Magnus Manske)
Artista:	Chemgirl131	**License:**	Public domain

[i5] - 001_002_002_image_gaba.jpeg
https://upload.wikimedia.org/wikipedia/commons/5/55/GABA_3D_ball.png

Date:	2011-07-24	**por:**	Jynto
License:	CC0		

[i6] - 001_002_003_image_epithelzellen.jpeg
https://upload.wikimedia.org/wikipedia/commons/a/aa/Microvilli.jpg

Date:	2015-11-17	**por:**	SteinsplitterBot
Artista:	Louisa Howard, Katherine Connollly - Dartmouth Electron Microscope Facility	**License:**	Public domain

[i7] - 001_003_001_image_cholecystokinin.jpeg
https://upload.wikimedia.org/wikipedia/commons/b/b7/Cholecystokinin_B_receptor_structure_from_the_AlphaFold_database_with_truncated_terminal_domains_and_ICL3.png

Date:	2024-06-30	**por:**	U758803
License:	CC0		

[i8] - 001_003_001_image_insulin.jpeg
https://upload.wikimedia.org/wikipedia/commons/8/8c/Insulincrystals.jpg

Date:	2018-12-14	**por:**	Animalparty
Artista:	NASA/Marshall	**License:**	Public domain

[i9] - 001_003_002_image_hypothalamus.jpeg
https://upload.wikimedia.org/wikipedia/commons/b/b6/Hypothalamus.jpg

Date:	2005-07-06	**por:**	Methoxyroxy~commonswiki
License:	Public domain		

[i10] - 001_003_002_image_magen.jpeg
https://upload.wikimedia.org/wikipedia/commons/b/b6/Stomach_pain.jpg

Date:	2010-12-07	**por:**	Robystarm07
License:	CC0		

[i11] - 001_003_002_image_fettzelle.jpeg
https://upload.wikimedia.org/wikipedia/commons/2/29/Adipocyte_Proliferation_in_Adult_Parathyroid_Gland_%2832580624797%29.jpg

Date:	2019-04-01	**por:**	Meisam
Artista:	Berkshire Community College Bioscience Image Library	**License:**	CC0

[i12] - 001_003_003_image_hirnstamm.jpeg
https://upload.wikimedia.org/wikipedia/commons/1/16/External_face_of_brainstem.jpg

Date:	04 09 2009	**por:**	Paul Verheggen
License:	Public domain		

[i13] - 001_003_003_image_orbitofrontaler_kortex.jpeg
https://upload.wikimedia.org/wikipedia/commons/f/f6/MRI_of_orbitofrontal_cortex.jpg

Date:	2006-03-08	**por:**	Choms
Artista:	talk	**License:**	Public domain

[i14] - 001_003_003_image_caudatus.jpeg
https://upload.wikimedia.org/wikipedia/commons/f/fe/Caudate_Nucleus_Structural_MRI.png

Date:	2011-09-08	**por:**	Geoff B Hall
License:	CC0		

[i15] - 002_001_002_image_docosahexaensaeure.jpeg
https://upload.wikimedia.org/wikipedia/commons/7/73/Docosahexaenoic-acid-3D-balls.png

Date:	2014-08-05	**por:**	Benjah-bmm27
Artista:	Ben Mills	**License:**	Public domain

[i16] - 002_001_002_image_mediterrane_ernaehrung.jpeg
https://upload.wikimedia.org/wikipedia/commons/8/8b/Michael_Taylor_and_colleagues_visit_the_farm_stand_owned_by_the_Spear_family_in_Waldoboro.jpg

Date:	2013-08-18	**por:**	Darlenefrivera
Artista:	The U.S. Food and Drug Administration	**License:**	Public domain

[i17] - 002_001_002_image_alphalinolensaeure.jpeg
https://upload.wikimedia.org/wikipedia/commons/c/c5/Linolenic-acid-3D-vdW.png

Date:	2017-10-10	**por:**	Mykhal
License:	Public domain		

[i18] - 002_001_003_image_ingwer.jpeg
https://upload.wikimedia.org/wikipedia/commons/a/a2/Ginger-cross-section.jpg

Date:	31 March 2007	**por:**	Snarkmaster
License:	Public domain		

[i19] - 002_001_003_image_kurkuma.jpeg
https://upload.wikimedia.org/wikipedia/commons/7/7b/Turmeric_Flower_Curcuma_Longa_%28243825849%29.jpeg

Date:	25 January 2018, 18:46:15	**por:**	Rodrigo.Argenton
Artista:	Jonas Kakaroto Honorato	**License:**	CC0

[i20] - 002_001_003_image_chlorogensaeure.jpeg
https://upload.wikimedia.org/wikipedia/commons/d/d7/Chlorogenic-acid-3D-balls.png

Date:	2007-12-08	**por:**	Benjah-bmm27
Artista:	Ben Mills	**License:**	Public domain

[i21] - 002_002_001_image_omega3fettsaeuren.jpeg
https://upload.wikimedia.org/wikipedia/commons/f/fb/Sunsplash_omega3_leinsameno.jpg

Date:	2005-08-07	**por:**	VisualBeo
Artista:	Christian H.	**License:**	Public domain

[i22] - 002_002_002_image_acetylcholin.jpeg
https://upload.wikimedia.org/wikipedia/commons/9/91/ACh-stick.png

Date:	2007-08-28	**por:**	Edgar181
License:	Public domain		

[i23] - 002_003_001_image_acetat.jpeg
https://upload.wikimedia.org/wikipedia/commons/6/63/Cyproterone_acetate_and_estrogel.jpg

Date:	2024-10-20	**por:**	Skyshifter
License:	CC0		

[i24] - 002_003_001_image_propionat.jpeg
https://upload.wikimedia.org/wikipedia/commons/f/f8/Propionic_acid_spheres.png

Date:	2009-10-29	**por:**	Edgar181
License:	Public domain		

[i25] - 002_003_002_image_kefir.jpeg
https://upload.wikimedia.org/wikipedia/commons/2/25/Kefir-insieme.jpg

Date:	2007-09-09	**por:**	Bermas66~commonswiki
Artista:	Bermas66	**License:**	Public domain

[i26] - 002_003_002_image_kimchi.jpeg
https://upload.wikimedia.org/wikipedia/commons/b/b2/Kimchi_pancake_-_Korpan_2023-07-03.jpg

Date:	2023-07-03	**por:**	Onthewings
Artista:	Andy Li	**License:**	CC0

[i27] - 002_003_002_image_sauerkraut.jpeg
https://upload.wikimedia.org/wikipedia/commons/6/61/German_sausages_in_Tokyo%2C_plus_sauerkraut_and_mustard.jpg

Date:	3 October 2020	**por:**	Syced
License:	CC0		

[i28] - 002_003_003_image_laktobazillen.jpeg
https://upload.wikimedia.org/wikipedia/commons/7/7d/Lactobacillus_sp_01.png

Date:	1982	**por:**	Rasbak
Artista:	Photo Credit: Janice Carr Content Providers(s): CDC/Dr. Mike Miller	**License:**	Public domain

[i29] - 002_003_003_image_fermentation.jpeg
https://upload.wikimedia.org/wikipedia/commons/0/06/Coffee_Fermentation_Bins.jpg

Date:	30 September 2005	**por:**	Ronchy~commonswiki
License:	Public domain		

[i30] - 003_001_001_image_gallensaeure.jpeg
https://upload.wikimedia.org/wikipedia/commons/9/97/Glycocholic_acid_molecule_spacefill.png

Date:	2015-02-05	**por:**	Jynto
License:	CC0		

[i31] - 003_001_002_image_darmschleimhaut.jpeg
https://upload.wikimedia.org/wikipedia/commons/f/fe/Histopathology_of_intestinal_spirochetosis.jpg

Date:	2022-09-01	**por:**	Mikael Häggström
License:	CC0		

[i32] - 003_001_003_image_mikroorganismen.jpeg
https://upload.wikimedia.org/wikipedia/commons/b/bc/E_coli_at_10000x%2C_original.jpg

Date:	2005-03	**por:**	Brian0918
Artista:	Photo byfkfkrErbe, digital colorization by Christopher Pooley, both of USDA, ARS, EMU.	**License:**	Public domain

[i33] - 003_002_001_image_bakterienkultur.jpeg
https://upload.wikimedia.org/wikipedia/commons/7/79/Enterobacter_cloacae_01.png

Date:	2007-03-28	**por:**	Angusmclellan
License:	Public domain		

[i34] - 003_002_001_image_nahrungsergaenzungsmittel.jpeg
https://upload.wikimedia.org/wikipedia/commons/f/f1/Iodine_pills.jpg

Date:	2014-12-02	**por:**	Mx. Granger
License:	CC0		

[i35] - 003_003_002_image_biolebensmittel.jpeg
https://upload.wikimedia.org/wikipedia/commons/7/76/Community_and_organic_food.jpg

Date:	2013-03-14	**por:**	Shawn.caza
Artista:	Karma co-op	**License:**	CC0

[i36] - 003_003_002_image_pestizide.jpeg
https://upload.wikimedia.org/wikipedia/commons/5/5e/Cropduster_spraying_pesticides.jpg

Date:	2008-04-10	**por:**	Svens Welt
Artista:	USDA Photo by: Charles O'Rear	**License:**	Public domain

[i37] - 004_002_003_image_autismusspektrumstoerungen.jpeg
https://upload.wikimedia.org/wikipedia/commons/0/09/Mutation_in_autism-related_gene_%284973204402 6%29.jpg

Date:	2020-03-26	**por:**	Eyes Roger
Artista:	NIH Image Gallery	**License:**	Public domain

[i38] - 004_002_003_image_brainderived_neurotrophic_factor.jpeg
https://upload.wikimedia.org/wikipedia/commons/a/aa/BDNF_NT4.png

Date:	2023-12-20	**por:**	·Solembum·
License:	CC0		

[i39] - 004_002_003_image_cortisol.jpeg
https://upload.wikimedia.org/wikipedia/commons/c/c0/Cortisol-3D-balls.png

Date:	2008-05-26	**por:**	Benjah-bmm27
Artista:	Ben Mills	**License:**	Public domain

[i40] - 004_003_001_image_zirkadianer_rhythmus.jpeg
https://upload.wikimedia.org/wikipedia/commons/5/55/Circadian_rhythm_labeled.jpg

Date:	Content	**por:**	Stevenfruitsmaak
Artista:	National Institute of General Medical Sciences	**License:**	Public domain

[i41] - 004_003_001_image_nremschlaf.jpeg
https://upload.wikimedia.org/wikipedia/commons/3/3a/A_child_sleeping.jpg

Date:	2007-04-23	**por:**	Alessandro Zangrilli
License:	Public domain		

[i42] - 004_003_002_image_meditation.jpeg
https://upload.wikimedia.org/wikipedia/commons/0/00/Meditation_Focus_Point.jpg

Date:	2024-12-12	**por:**	Bondigoldwiki
License:	CC0		

[i43] - 004_003_002_image_yoga.jpeg
https://upload.wikimedia.org/wikipedia/commons/f/fc/Yoga_Room_-_23_RAW-Export_%28Sergej_Majboroda_via_Poly_Haven%29.png

Date:	08.3.2023	**por:**	PantheraLeo1359531
Artista:	https://polyhaven.com/all?a=Sergej%20Majboroda	**License:**	CC0

[i44] - 005_001_002_image_bluthirnschranke.jpeg
https://upload.wikimedia.org/wikipedia/commons/3/39/Unctional_complex_and_pinocytotic_vesicles_-_embryonic_brain_-_TEM.jpg

Date:	2006-11-02	**por:**	Patho
Artista:	Louisa Howard, Miguel Marin-Padilla	**License:**	Public domain

[i45] - 005_001_002_image_darmmikrobiom.jpeg
https://upload.wikimedia.org/wikipedia/commons/1/1a/Rhodium_Microbiome_Isolates_SABL_Insert_%28iss068e012558%29.jpeg

Date:	Taken	**por:**	OptimusPrimeBot
Artista:	NASA Johnson Space Center / Bob Hines	**License:**	Public domain

[i46] - 005_002_003_image_darmzotten.jpeg
https://upload.wikimedia.org/wikipedia/commons/4/4c/Cross-section_histology_of_small_intestinal_villi_of_the_terminal_ileum.jpg

Date:	2021-08-16	**por:**	Mikael Häggström
License:	CC0		

[i47] - 005_003_002_image_antioxidantien.jpeg
https://upload.wikimedia.org/wikipedia/commons/3/3c/Glutathione-3D-vdW.png

Date:	2007-06-24	**por:**	ドデカイラーメン
Artista:	Ben Mills	**License:**	Public domain

FSC
www.fsc.org
MIX
Papier | Fördert gute Waldnutzung
FSC® C083411

Kolibri 360 GmbH
Ferdinand-Jühlke-Straße 7
99095 Erfurt, Deutschland
produktsicherheit@kolibri360.de